下装创意结构设计

申鸿 主编　王雪筠 副主编

东华大学出版社

全国服装工程专业（技术类）精品图书

纺织服装高等教育「十二五」部委级规划教材

图书在版编目（CIP）数据

下装创意结构设计/申鸿主编. —上海：东华大学出版
社，2014.6
ISBN 978-7-5669-0487-4

Ⅰ.①下… Ⅱ.①申… ②王… Ⅲ.①裙子—服装设
计②裙子—服装量裁③裤子—服装设计④裤子—服装量
裁 Ⅳ.①TS941.717.8②TS941.714.2

中国版本图书馆CIP数据核字（2014）第073571号

责任编辑：徐建红
编辑助理：冀宏丽
封面设计：潘志远

下装创意结构设计

申鸿 主编　王雪筠 副主编
出　　版：东华大学出版社（上海市延安西路1882号）
邮政编码：200051　电话：（021）62193056
出版社网址：http://www.dhupress.net
天猫旗舰店：http://dhdx.tmall.com
发　　行：新华书店上海发行所发行
印　　刷：苏州望电印刷有限公司
开　　本：787mm×1092mm　1/16　印张：11
字　　数：280千字
版　　次：2014年6月第1版
印　　次：2014年6月第1次印刷
书　　号：ISBN 978-7-5669-0487-4/TS・478
定　　价：29.00元

郑小飞　杭州职业技术学院达利女装学院
侯东昱　河北科技大学纺织服装学院
高亦文　河南工程学院服装学院
吴　俊　华南农业大学艺术学院
闵　悦　江西服装学院服装设计分院
陈东升　闽江学院服装与艺术工程学院
杨佑国　南通大学纺织服装学院
史　慧　内蒙古工业大学轻工与纺织学院
孙　奕　山东工艺美术学院服装学院
王　婧　山东理工大学鲁泰纺织服装学院
朱琴娟　绍兴文理学院纺织服装学院
康　强　陕西工业职业技术学院服装艺术学院
苗　育　沈阳航空航天大学设计艺术学院
李晓蓉　四川大学轻纺与食品学院
傅菊芬　苏州大学应用技术学院
周　琴　苏州工艺美术职业技术学院服装工程系
王海燕　苏州经贸职业技术学院艺术系
王　允　泰山学院服装系
吴改红　太原理工大学轻纺工程与美术学院
陈明艳　温州大学美术与设计学院
吴国智　温州职业技术学院轻工系
吴秋英　五邑大学纺织服装学院
穆　红　无锡工艺职业技术学院服装工程系
肖爱民　新疆大学艺术设计学院
蒋红英　厦门理工学院设计艺术系
张福良　浙江纺织服装职业技术学院服装学院
鲍卫君　浙江理工大学服装学院
金蔚茬　浙江科技学院艺术分院
黄玉冰　浙江农林大学艺术设计学院
陈　洁　中国美术学院上海设计学院
刘冠斌　湖南工程学院纺织服装学院
李月丽　盐城工业职业技术学院艺术设计系
徐　仂　江西师范大学科技学院
金　丽　中国服装设计师协会技术委员会

前　言

　　创意服装是一类制作较为复杂的服装。创意服装一般通过立体裁剪和平面裁剪两种方法完成，两种方法各有优缺点。服装平面裁剪方法由于快捷、方便、节约成本，因此得到广泛的应用。服装平面裁剪是服装设计到服装加工的中间环节，是实现设计思想的根本，也是从立体到平面转变的关键所在，可称之为设计的再设计、再创造。它在服装设计中有着极其重要的地位，是服装设计师必须具备的业务素质之一。传统的比例裁剪，使用经验公式计算，在很多服装细部都采用经验的定数，没有考虑人的形体因素与变化的要求，这样的方法不适合灵活多变的创意服装的平面裁剪。本书通过裙原型、裤原型的变化，可以轻松得到各种创意下装的板样。

　　全书内容通俗易懂，图文并茂，理论与实践结合，适合作为高等院校的专业教材，也可以作为服装专业培训与爱好者的自学用书。

　　本书的统稿工作由四川大学申鸿与重庆师范大学王雪筠共同完成，第一章与第三章由攀枝花大学王丽霞编写，第二章、第四章由重庆师范大学王雪筠编写，第五章、第六章由四川大学申鸿编写。全书的服装结构图由王雪筠、申鸿共同绘制，服装着装效果图由四川大学吴西子绘制。

　　在此，要感谢四川大学李晓蓉、乔长江、杨月双、李文娟、张妙蛱、马丽达，江南大学刘梦颖，四川理工学院邵小华的帮助。

　　本书在编写中的不足之处，恳请读者批评指正。

编者

目 录

第一章

概 论

第一节　创意下装分类

　　创意装,不同于日常生活中穿着的服装,它具有概念性、艺术性、实验性,标新立异,是设计者精神和情感的表达,是设计者对艺术、哲学、历史和文化的理解,以艺术品的形式存在。创意服装设计的内容包括材料的创意设计、结构的创意设计、工艺的创意设计、装饰配件的创意设计、发型化妆的创意设计以及展示的创意设计等,它们一起构成了创意服装设计的立体化工程。下装作为一个服装的分支,也遵从着同样的原则。

　　创意下装可以按照不同的角度进行分类。通常是按照创意设计的不同方式可分为以造型为主的创意下装(图1-1),以材料为主的创意下装(图1-2),以细节结构为主的创意下装(图1-3),以工艺为主的创意下装(图1-4)等。

图1-1

图1-2

图1-3   图1-4

本书在后面的章节中,按照创意装面料的不同,将其分为梭织面料类创意下装、针织面料类创意下装和非服用材料类创意下装,并分别进行讲述。

第二节 创意下装消费市场分析

创意下装跟其他创意服装一样,它设计的目的通常是以服装为媒介的艺术活动。所以创意装的消费市场主要以展示和表演的形式存在。

一、创意展示型服装

创意展示型服装主要用在以下几种情况:

① 为了引导和促进消费,推出的预测服装流行趋势的一种时装展示,如图1-5、图1-6为品牌流行展示广告。

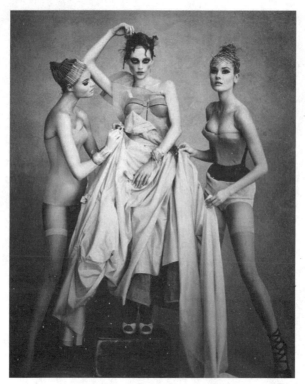

图 1-5

图 1-6

② 为了树立企业品牌形象权威而举行的专场表演，如图 1-7 为 2012 巴黎秋冬时装周川久保玲品牌服装发布秀场。

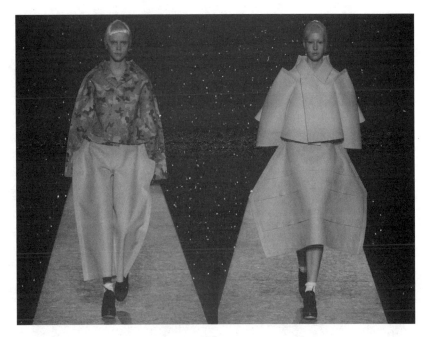

图 1-7

③ 作为设计师个人的意念展示，如图 1-8、图 1-9 为比利时安特卫普皇家艺术学院学生毕业展中学生个人作品。

图 1-8

图 1-9

④ 为了进行学术研讨,提高创作水平促进服装发展,选拔优秀设计师等进行的大赛,如图1-10为大赛实景。

图 1-10

⑤ 可作为博物馆收藏,如图1-11为巴黎时尚博物馆藏品,图1-12为巴黎的装饰艺术博物馆的藏品。

图 1-11

图 1-12

二、舞台表演型服装

舞台表演型服装主要分为以下几种：

① 影视戏剧服装，如图 1-13、图 1-14 所示。

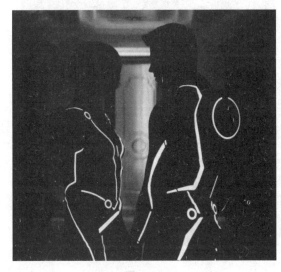

图 1-13

图 1-14

② 舞蹈表演服装，如图 1-15、图 1-16 所示。

图 1-15

图 1-16

③ 杂技表演服装,如图 1-17 所示。

图 1-17

④ 各种演唱会表演服装,如图 1-18 所示。

图 1-18

第三节　创意下装设计理念

　　一切艺术形式都有其自身的特点和风格,服装也不例外。每个品牌的服装都与其他品牌在风格形象和设计理念上有着显著的不同。设计理念是设计师在作品构思过程中所确立的主导思想,它赋予作品文化内涵和风格特点。好的设计理念至关重要,它不仅是设计的精髓所在,而且能令作品具有个性化、专业化等效果。

　　维维安·韦斯特伍德(Vivienne Westwood)的设计理念为抵制传统的程式服饰,她的服装常常使穿着者看上去像遭到大屠杀后的一群受难者,但又像是心灵上得到幸福、满足的殉难者。她说:"我们的兴趣所在,就是考虑反叛,我们想以此惹恼英国佬……"维维安·韦斯特伍德的设计最令人赞赏的是她从传统的服装中寻找创作元素,将这些所谓过时的素材,比如束胸、厚底高跟鞋、经典的苏格兰格纹等,重新设计发挥并使之转化为具有现代风格的崭新的时髦流行服饰。通过这种特别的设计手法,她不断将17世纪、18世纪传统服饰元素拿来加以演绎,将街头流行成功地带入时尚领域并与传统完美结合,如图1-19所示。

图 1-19

第二章
下装结构设计基础

第一节　人体下半身体型特征

一、人体下半身的构成

人体的下半身，为腰围线以下的部位，下肢结构支撑人的身体，连接上半身运动，是人体运动最大的部位。下半身的构成直接影响其穿着物（裙子、裤子）的结构。

1. 骨构成

如图 2-1 所示，下半身骨骼，从大的方面来说，是由骨盆、股骨、小腿骨、足骨所组成的。而它们的长度和高度是下半身服装重要位置（股上、股下、臀部、膝部）的基础。

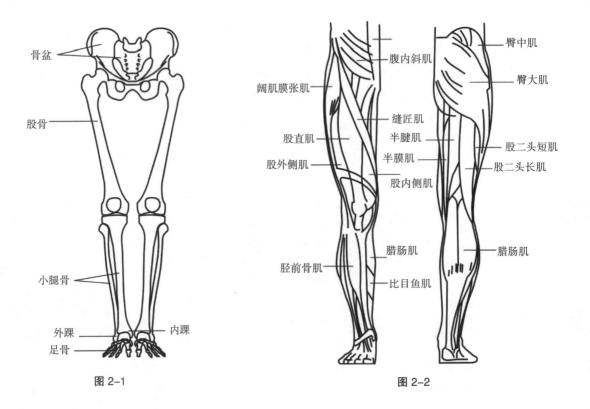

图 2-1　　　　　　　　　　　　　　　图 2-2

骨盆为一个梯形，与连接的股骨形成人体下半身的支撑部位。这个部分也是裙子与裤子的固定（支撑）部位。

股骨与小腿骨连接，其形态决定人的腿型。在左右内踝靠近而直立时，腿内侧在一直线上，大腿根、膝内侧、腿肚内侧都处于接触状态为标准型腿；膝内侧离开，可夹一个拳头的为 O 型腿；膝内靠紧而内踝处离开的形态为 X 型腿。

2. 肌肉构成

下半身肌肉由腰腹部、腰臀部、大腿部、小腿部的肌群构成，如图 2-2 所示。腹肌与臀大肌决定整个支撑部位的造型，是裙子与裤子腰围与臀围造型的重要依据。臀大肌还决定裤子后裆线的造型。

二、人体下半身的比例

早在公元前 5 世纪，希腊的雕刻家波莱古特斯（Polykleitos）就提出 7 头身的人体比例。至今仍用头身比来计量人体的比例。 亚洲人的人体比例大多数为 7 头身，也有 6.5、7.5、8 头身的。图 2-3 为 7 头身的人体，下半身为 4 头，以膝盖为界，又分为大致相等的两部分。在造型设计时，可以改变腰线和膝围线的位置，从而改变下半身着装的比例。

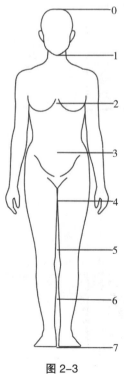

图 2-3

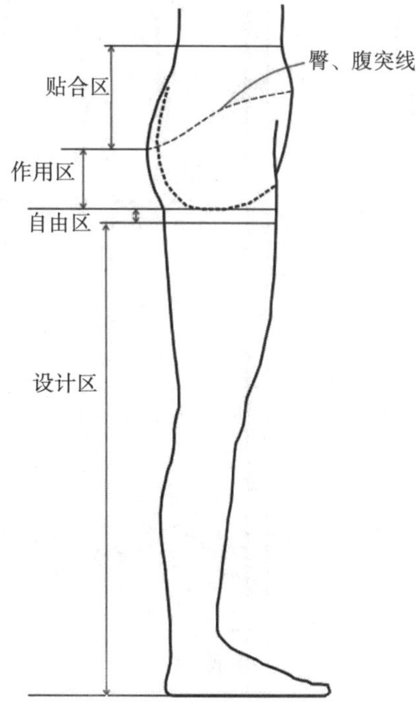

图 2-4

三、下半身结构功能的差异

下半身按照功能可以分为四个区,见图 2-4。

贴合区:腰身形成的区域,也是裙子和裤子的支撑区域,主要考虑贴合型。

作用区:裤子裆部结构区,是主要的运动功能实现区域。

自由区:为裤子的裆底部自由造型区间。

设计区:进行轮廓造型设计的区域,可以自由发挥想象的空间。

第二节　裙装的结构要点

一、裙子形成的原理

裙子的平面纸样如图 2-5 所示,类似矩形。裙子纸样与矩形的区别在于腰线上的省道,省道是为了贴合人体腰部的曲线(图 2-6),能使布料形成立体的圆台形。为解决腰围尺寸与臀围尺寸的差量,通常在裙腰处收省道。

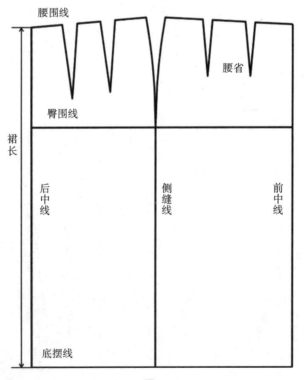

图 2-5

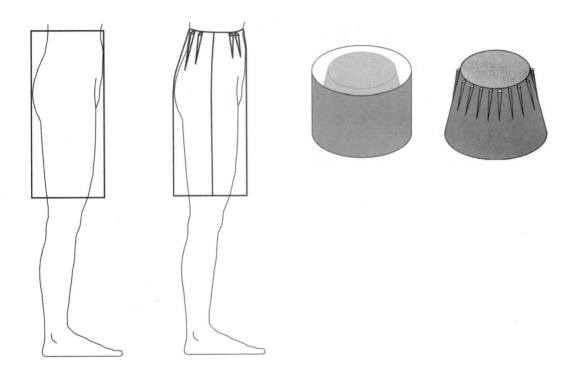

图 2-6

二、原型裙的结构制图

1. 规格

号　型	腰围（W）	臀围（H）	裙长（L）
160/68A	68 cm	94 cm	60 cm

2. 结构制图

结构制图见图 2-7。

① 确定裙长线 60cm。60cm 的长度到人体膝盖位置，这个长度可以根据款式调整。

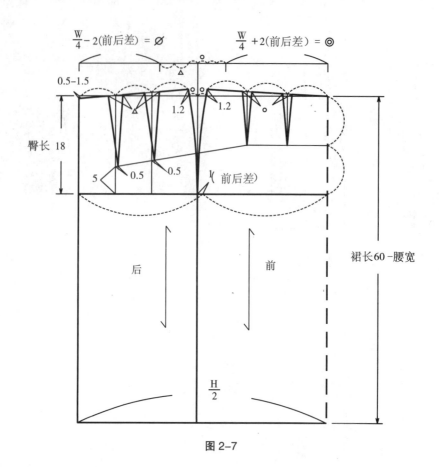

$\dfrac{W}{4} - 2(前后差) = \varnothing$　　　$\dfrac{W}{4} + 2(前后差) = \circledcirc$

0.5~1.5

臀长 18

1.2　　1.2

5　　0.5　　0.5

(前后差)

后　　前

裙长 60 – 腰宽

$\dfrac{H}{2}$

图 2-7

② 确定半片裙子的臀围宽度 H/2。臀围 H 为 94cm，是给出了 4cm 的运动松量，这个松量是无弹性面料的最小松量，保证人体能坐下与蹲下。

③ 确定侧缝线。臀围上面有 1cm 的前后差，这个差值决定侧缝线的位置向后偏移。

④ 腰围线向下 18cm，确定臀围线。18cm 的长度是臀长，根据个体差异可以调整。

⑤ 确定前后片的腰宽度◎与∅。1/4 前片腰宽本来为 W/4，因为前片臀围有前后差，所以给出腰围 2cm 的前后差量，为 W/4+2；1/4 后片腰宽本来为 W/4，前片增加 2cm，后片就减少 2cm 差量，为 W/4-2。

⑥ 前片省量分配。前片（H/4+1）-（W/4+2）的量，为前片的省量。平均分成三等份，一份放在侧缝，其余两份放在前腰线的等分点上。

⑦ 后片省量分配。后片（H/4-1）-（W/4-2）的量，为后片的省量。后片的省量减去与前片侧缝相等的量○，留在侧缝；剩下的等分成 2 份，放在在前腰线的等分点上。

⑧ 确定前片省尖点位置。前片省尖点在腹部突起处，为腰臀中间，臀长的 1/2 处。

⑨ 确定后片省尖点位置。后中最后一个省的中线与臀围线交点向上 5cm 的点与前片侧缝处省尖点相交，形成斜线。后片省尖点在这条斜线上，为臀突的位置。

3. 结构要点

（1）裙子腰省的分布

人体在臀部的立体构造是圆锥型的，为贴合这个立体形状，腰省均匀分布在腰线上。

（2）省道的长度

省道的长度由腹突与臀突决定（图 2-8、图 2-9），前省长是在腹突线上，后省长是在臀突线向上 5~6cm。

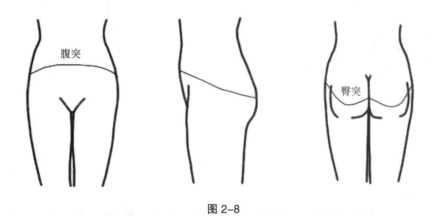

图 2-8

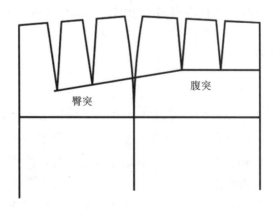

图 2-9

（3）腰线的变化

侧缝起翘 0.7~1.2cm，为保证前后侧缝拼合后，腰围线顺直。后中下落 0.5~1.5cm，臀突较大的人体后落量小，反之则大，因体型差异而定（图 2-10）。

（4）前后片的前后差量

腰围和臀围都有前后差，这个差值决定侧缝线的位置（图 2-11）。

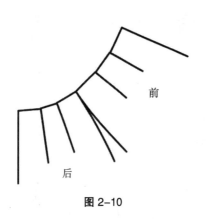

图 2-10

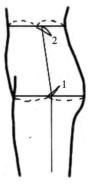

图 2-11

（5）放松量

人体运动会引起腰围尺寸变化，下蹲与坐下时，臀围加大 3~4cm，腰围加大 1~3cm。因此，臀围给出 4cm 的放松量，保证下蹲等活动。考虑到腰围处如果给 3cm 的松量，在静止状态时，腰部支撑力不够，裙子会下滑；另外，女体可以接受腰部 2cm 的压迫感，不加松量对舒适性没有多大影响，所以腰部可以不给松量。

三、裙装款式变化原理

1. 省道的转移范围

原型裙的款式固定（图 2-12），可以在其基础上变化出各种各样的裙子。裙的腰臀间近似为一个圆台型，腰臀间所有的变换都要贴合这个圆台型，宽松不合体的款式除外。因此，只要能够塑造这个圆台型，不论什么形式与方法都可以。这样就产生了省道的变换和腰臀间款式的变化。

腰臀间的形状是由省道塑造的。但是省道的位置是可以变换的，这种变换基于不改变腰臀间圆台型的前提，也就是塑造臀部与腹部的突起量。变化的范围为臀部与腹部突起的中心向外辐射 10cm 左右的范围，如图 2-13 所示。

图 2-12

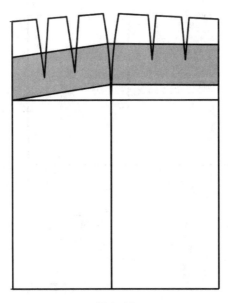

图 2-13

2. 省道变化的方法

裙腰身的变化是通过省道变化实现的,省道变化的方法很多,总结起来有以下 4 种:

(1)省道转移

省道位置可以变化,数量也可以改变。只要在变化范围内,随意改变位置和省道数量都可以。图 2-14 为省道在腰线上由 2 个变为 1 个的变化。

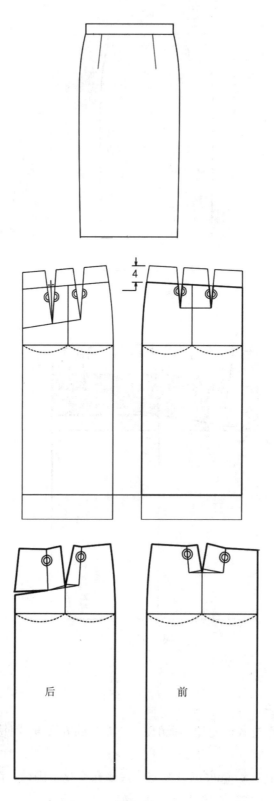

图 2-14

（2）变省为缝

省道可以合并，变成裙上的分割缝（图2-15）。这样便于缝纫，整体性较高。分割缝的位置多变，可产生很多种款式的裙子。

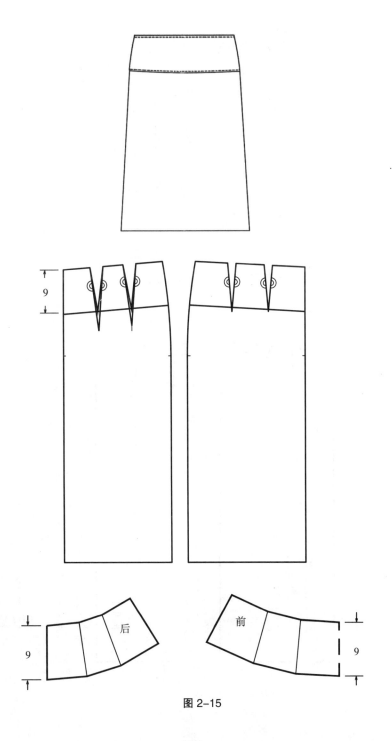

图 2-15

（3）变省为褶

省道放开，可以变为褶皱（图2-16）与褶裥。这样的变化在腰臀间可能会形成很小的不合体的松量，但是整体的立体效果不会破坏。

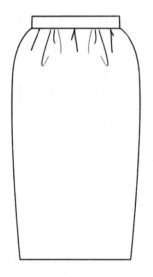

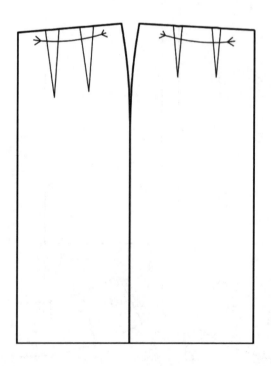

图2-16

（4）放省为摆

省道放开，还可以形成下摆的松量（图2-17），产生下摆的波浪造型。这个方法使腰部合体，裙片形成一个整体，便于缝纫与造型。这个手法为裙子最常用也是最简单的方法。

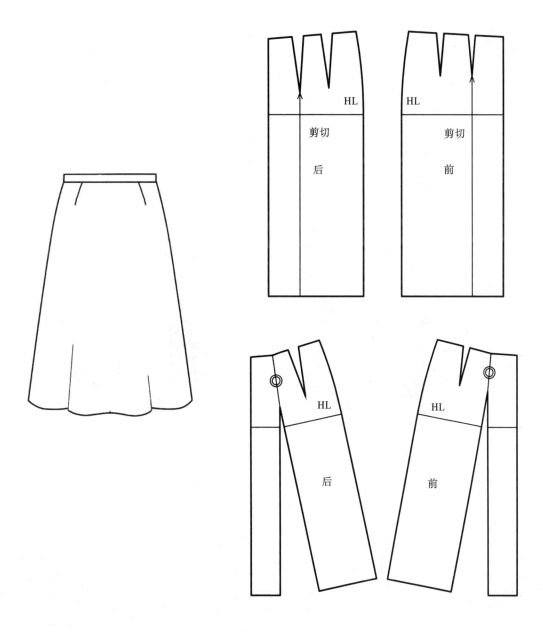

图2-17

第三节 裤装的结构要点

一、裤子形成的原理

裤子比裙子多档部结构，档部结构在作用区和自由区上，要求满足人体的下肢运动需要。因此，在裙子纸样的基础上，在后片中部加长中线，等于增加人下蹲的活动量，便形成裤子的纸样，如图2-18所示。

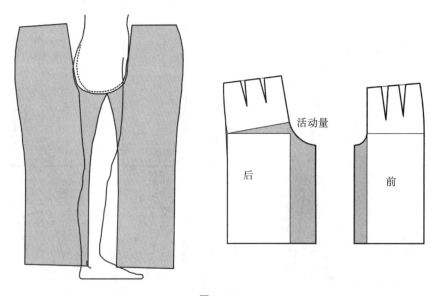

图 2-18

二、裤原型的制图

1. 规格

号型	腰围（W）	臀围（H）	裤长（L）	上档	脚口围
160/68A	66cm	93 cm	98 cm	25.5 cm	44cm

2. 结构制图

裤原型是紧身女裤的版型，臀部与腰部十分贴体。裤子的腰围的松量为 –2cm，一般做成品裤时,腰线低于原型的腰围线。臀围都有3cm的松量,刚好满足人体下蹲运动的需要。结构制图如图2-19所示。

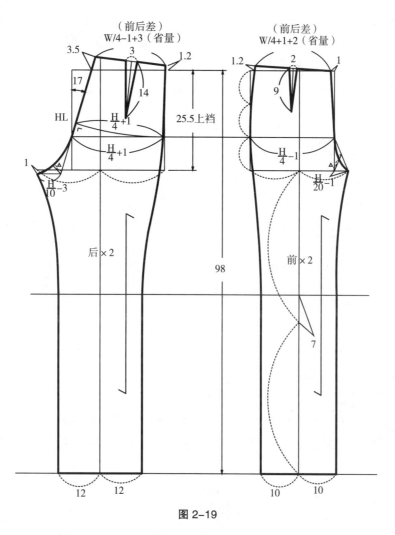

图 2-19

① 确定裤长线98cm。98cm的长度是腰围高,也就是人光脚站立,从腰围线到地面的距离。这个长度可以根据款式调整。

② 确定前半片臀围宽度H/4-1和后半片臀围宽度H/4+1。臀围上面有1cm的前后差,这个差值决定侧缝线的位置在腿的中部。臀围H为93cm,是给出了3cm的运动松量。这个松量是无弹性面料的最小松量,保证人体能坐下与蹲下。

③ 腰围线向下25.5cm,确定上裆线。25.5cm的长度是由坐高参考值决定,有1cm左右的松量。

④ 上裆长等分成3份,找到臀围线。

⑤ 确定前片的腰宽度W/4+1+2。其中2cm为省道量,1cm为腰部的前后差值。根据这个差值调整腰部侧缝线向后偏移1cm。

⑥ 定出前片小裆宽 H/20−1。

⑦ 侧缝处上抬 1.2cm，是为画顺腰围弧线形状，这个数值可以调整。画顺线中缝、裆弧线与侧缝线。

⑧ 过后片臀围线与后中线交点，画 17° 的斜线。斜线高出腰围线 3.5cm。这条后中斜线根据裤子合体程度不同，可以调整。

⑨ 上裆线下落 1cm 画后裆宽线。从后裆宽线与后中斜线的交点处开始，画大裆宽 H/10−3。

⑩ 确定后片的腰宽度 W/4−1+3。其中 3cm 为省道量，1cm 为腰部的前后差值。画顺中缝线、裆弧线与侧缝线。

⑪ 平分侧缝到裆端点的距离，画出前后裤中线。

⑫ 上裆线到脚口线的中点上抬 7cm 左右，确定膝围线。

⑬ 确定前片脚口大为脚口围 /2−2，后片脚口大为脚口围 /2+2。做垂线与膝围线相交，得到中裆宽。

⑭ 画顺裤腿侧缝与内缝线。

3. 裤子的结构要点

（1）后片倾斜线的度数

后片倾斜线的度数与裤子的紧身程度有关，紧身的裤子度数就大些，可以从 0° 到 20° 之间取值，一般为 17°。

（2）后中的起翘量

为了满足人体的运动，尤其是下蹲，所以要加长后中的弧线长度。后中弧线长度的加长就导致了后中起翘，起翘量的大小与裤子的紧身程度有关，一般为 3.5cm，裤子越紧身，起翘量越大。

（3）大裆下落

为了使前后片的内缝长度大致相等，大裆一般下落 1cm。

（4）大小裆的计算公式

小裆为 H/20−1；西裤的大裆为 H/10−1 ~ 2，紧身裤的大裆为 H/10−3 ~ 4。

（5）臀围放松量

紧身型：4% ~ 8% H（净）

较为贴体型：8% ~ 15% H（净）

较为宽松型：15% ~ 20% H（净）

宽松型：大于 20% H（净）

三、裤装款式变化原理

主要方法与裙装相同，此处略。

第三章
下装创意设计方法

第一节　下装创意设计的方法

一、创意设计的基本概念

创意设计就是把再简单不过的东西或想法不断延伸的另一种表现方式，包括工业设计、建筑设计、包装设计、平面设计、服装设计、个人创意设计等内容。创意设计除了具备"初级设计"和"次设计"的因素外，还需要融入"与众不同的设计理念——创意"。

创意就是人们所说的灵感或者想法，创意有时候是突发奇想，有时候则是经过长期的酝酿。专注的精神、细心的观察和善于思考的头脑是获取好创意必不可少的条件。创意装设计的特征有：

① 具有极大的超前性，强调新奇。

② 淡化实用性功能，强调艺术与风格。

③ 注重对服装造型和面料的开拓。

二、下装创意设计的主要方法

1. 主题的确定与表现

主题是服装设计的灵魂，是时装的中心思想，而系列创意装的主题构思是所有元素构架组合后传达出来的设计理念。确定主题的内在含义并用恰当的题材来表现，对进行创意服装设计来说是关键性的。主题确定的方式有两种：

① 先有题材再确定主题。

② 先有主题再进行选材和构思。

2. 信息收集与分析

① 直接信息：直接与服装发生联系的事物信息。

② 间接信息：与服装没有直接联系的事物信息。

3. 联想——捕捉创作灵感

（1）像似法

① 来自于植物、动物、景物、人物等自然形态以及色彩的灵感设计。

② 来源于民族服饰、民间服饰、传统服饰的灵感设计。

③ 来源于姊妹艺术的灵感设计。

（2）意合法

意合法，即在外部形态上没有明显的表征，通过其他方式来彰显主题。

4. 完善构思，表达形象

（1）总体形象定位

首先要确定创作的类型和形象风格，是古朴凝重还是大胆前卫；是冷艳性感还是热情奔放；是浪漫华丽还是含蓄简洁；是积极进取还是背道反叛等等。其次要确定系列作品的色彩、选材、工艺技法以及细节设计等等。

（2）构思基型

设计系列服装一般要先根据总体定位构思出一套能代表系列设计风格、情调及形态特征的服装款式，我们称之为基型款式。基型款式的构思一般从以下几方面着手：

① 将常规的服装模式进行变形发挥。

② 借用常规的服饰形式。

③ 运用新奇的立体构成手法。

④ 利用一些特殊的面料和材料。

（3）衍生系列

在确定了基型款式之后，按照相似原则把构成基型独特特征的造型要素进行变化从而衍生成系列，其设计思路有：

① 通过同质要素的组合、派生、重整、架构等手段使之系列化。

② 通过不同性质的要素组合、派生、重整、架构等手段，使之系列化。

5. 设计产品实物化

① 针对设计效果图进行款式分析。

② 选择、购买材料。

③ 绘制样品结构图。

④ 制作样衣。

⑤ 样衣确认并进行总结改进。

第二节　下装创意设计的材料应用

进行服装设计的时候要充分考虑所用面料的特点，合理利用其优点，克服其缺点，以获得最佳外观造型和服用效果。

一、梭织面料

1. 梭织面料组织特点

梭织面料是织机以投梭的形式，将纱线通过经、纬向的交错而组成，纵向纱线称为经纱，横向纱线称为纬纱。梭织面料组织一般有平纹、斜纹和缎纹三原组织以及它们的变化组织。

（1）平纹面料

平纹组织是经纱和纬纱一上一下相间交织而成的组织，用平纹组织织成的面料叫平纹面料。平纹组织是所有织物组织中最简单的一种，正反面外观效果相同。

（2）斜纹面料

斜纹组织是经线和纬线的交织点在织物表面呈现一定角度的斜纹线的结构形式，用斜纹组织及其变化组织织成的面料叫斜纹面料。斜纹面料特殊的布面组织令斜纹的立体感强烈，斜纹细密且厚，光泽较好，手感柔软。

（3）缎纹面料

缎纹组织是三原组织中较为复杂的一种。其组织点间距较远，独立且互不连续，并按照一定的顺序排列。缎纹织物的浮长线较长，坚牢度也最差，但质地柔软，绸面光滑光泽好。

梭织面料的特点是结构稳定，布面平整，悬垂时一般不出现松垂现象，适合各种裁剪方法。梭织面料适用各种印染整理方法，织物花色品种繁多，适合各种风格的服装设计。它耐洗涤，可进行各种整理，虽然弹性不如针织，但是具有尺寸形态稳定等优点。

2. 不同材料的梭织面料特性

（1）棉布

棉布，是各种棉纺织品的总称。它的优点是轻松保暖，柔和贴身，吸湿性、透气性佳，不易过敏。它的缺点则是易缩、易皱、恢复性差、光泽度差，在穿着时需时常熨烫。

（2）麻布

麻布，是以大麻、亚麻、苎麻、黄麻、剑麻、蕉麻等各种麻类植物纤维制成的一种布料。它的优点是强度极高、吸湿、导热、透气性甚佳。它的缺点则是穿着不太舒适，外观较为粗糙、生硬。

（3）丝绸

丝绸，是以蚕丝为原料纺织而成的各种丝织物的统称。与棉布一样，它的品种很多，个性各异。它的优点是质地轻薄、柔软、滑爽、透气，色彩绚丽，富有光泽，高贵典雅，穿着舒适。它的不足则是易皱，容易吸身，不够坚牢，易褪色。

（4）呢绒

呢绒，又叫毛料，它是对用各类羊毛、羊绒织成的织物的泛称。它的优点是防皱耐磨、手感柔软、高雅挺括、富有弹性、保暖性强。

（5）皮革

皮革，是经过鞣制而成的动物毛皮面料。分为两类：一是革皮，即经过去毛处理的皮革；二是裘皮，即处理过的连皮带毛的皮革。

（6）化纤

化纤，是化学纤维的简称，是利用高分子化合物为原料制作而成的纤维，通常它分为人工纤维与合成纤维两大门类。化纤面料共同的优点是色彩鲜艳、质地柔软、悬垂挺括、滑爽舒适，缺点则是耐磨性、耐热性、吸湿性、透气性较差，遇热容易变形，容易产生静电。

（7）混纺

混纺，是将天然纤维与化学纤维按照一定的比例，混合纺织而成的织物，可用来制作各种服装。它的长处是既吸收了棉、麻、丝、毛和化纤各自的优点，又尽可能地避免了它们各自的缺点，而且在价值上相对较为低廉，在服装的应用颇为广泛。

3. 梭织面料设计实例详解

梭织面料的特点是结构稳定，布面平整，悬垂时一般不出现松垂现象，适合各种裁剪方法。梭织面料花色品种繁多，适合各种风格的服装设计。以上优点使其占据了市场上半数以上的服用织物，在创意装的设计制作上面也有着极为广泛的应用，下面就来认识若干优秀的设计案例。

（1）案例一

该款服装（图3-1）选择通透的薄型丝质类面料，运用了黑白两色，加上简洁的剪裁，整件服装有一种蝉翼般的轻巧感。鞋子和帽子，重复着简洁的黑白主题。精致的质感，简单的线条，单纯的色彩和款式，有着一种

图 3-1

无法形容的现代优雅气质。这套服装在简约中展现着欧洲传统服装所特有的华贵气质，使服装有种"一眼望不尽"的风情，会使人感受到它洗去了繁复的高贵以及昂然的现代激情。

（2）案例二

该款服装（图3-2）采用高级定制般的精细工艺和夸张廓形，进行了一袭古典浪漫的现代演绎，打造出如同身着彩云一样让人屏息的华美。这一款粉紫色的短礼服，层层褶皱围绕着腰部的金属花朵装饰绽放开来，犹如一朵移动的樱花。

图 3-2

图 3-3

（3）案例三

本款设计（图3-3）以强调平直肩线的"H-LINE"设计为主，即便是蝙蝠袖礼服也因为丝缎的垂感而显得纤细修长。那些斜裁的贴身鱼尾造型剪裁精妙、巧夺天工，好似并未经手工原本即是如此。领部和下摆使用了流线片状造型，像天使之翼，腰部金属装饰和手袋起到了画龙点睛的装饰作用，串联起了时空。

二、针织面料

1.针织面料组织的特点

针织面料，按织造方法分，有纬编针织面料和经编针织面料两类。

（1）纬编针织面料

纬编针织面料常以低弹涤纶丝或异型涤纶丝、锦纶丝、棉纱、毛纱等为原料，采用平针组织、变化平针组织、罗纹平针组织、双罗纹平针组织、提花组织，毛圈组织等，在各种纬编机上编织而成。它的品种较多，一般有良好的弹性和延伸性，手感柔软，坚牢耐皱，毛型感较强，且易洗快干。不过它的吸湿性差，织物不够挺括，且易于脱散、卷边，化纤面料易于起毛、起球、钩丝。

（2）经编针织面料

经编针织面料常以涤纶、锦纶、维纶、丙纶等合纤长丝为原料，也有用棉、毛、丝、麻、化纤及其混纺纱作原料织制的。它具有纵向尺寸稳定性好、织物挺括、脱散性小、不会卷边、透气性好等优点，但其横向延伸、弹性和柔软性不如纬编针织物。

2.针织面料设计实例详解

针织面料有良好的伸缩性，同时为了规避其脱散性，常规设计中会最大限度地减少为造型而设计的接缝、收褶、拼接等。利用其特有的卷边性，将其设计在衣服的领口袖口下摆等处，使服装得到一种特殊的外观分割，还可在服装中形成独特花纹和分割线。面料性能决定服装廓型以 H、O 为主，款式变化的重点在局部设计和面料设计上。基于以上认识，下面我们来看几例针织面料设计的创意服装。

（1）案例一

该款服装（图 3-4）借鉴了异域风情的民族服装特色，推出一个国际化的男装风格。服装的轮廓线条带有鲜

图 3-4

明的风格，不管低裆裤还是飘逸的罩衫式上衣，再到超长的针织外套。在图案上加入新元素，令服装更具立体感，更加丰富多彩。

（2）案例二

该款服装（图3-5）选用普通的薄型针织面料，在色彩上也没有突出之处，但是它在造型的处理上别出心裁地选择了扎系技法，将视觉落脚点放置在腰部。整件服装简约，没有刻意的塑形，也没有棱角分明的体积感，流畅的线条极好地表达了休闲慵懒随性。

图 3-5

图 3-6

（3）案例三

该款服装（图3-6）选用厚型针织做服装外层，配合不规则的裁剪以及内层的层叠纱质，形成了裙身的 A 字廓型。面料的肌理构成了服装整体的风格，粗犷、温暖、朴实，材质的对比丰富了层次，弥补了色彩上的单一。皮质的腰带和金色鞋子起到提亮的作用，使得服装整体结构更为完整。

三、非服用材料

1. 非服用材料的特点

非服用材料是指非传统意义上的服装用材料，不是纤维经过纺纱织造成的织物，而是一些其他异形的常见但不常用于服装的材料。比如纸、玻璃、金属、塑料、绳索等。非服用的材料通常其特性表现为尖利、硬脆、冰冷、易折断、易碎裂等，这些特性都跟常规面料的柔软弹性等是相反的。用这些材料来设计创意服装要根据具体选材的特性，采用特殊的处理方式，使之恰当地表现其立体构成形态，并具有相应的可穿脱性。此类服装力图在强调舞台张力与艺术表现力的同时，体现多元化的设计理念。在创作手法上，努力探索和借用各种非纺织、非服用的特种异质材料来实现主题创意的表现，主张将原生态的材料，进行大胆的重构，以此来营造更大的戏剧魅力与艺术美感。非服用材料的特点因材而异，具体我们将在实例中分析。

2. 非服用材料设计实例详解

（1）纸

利用纸品特性仿照时装样式制作出来的服装不仅拥有时装本身的观赏性而且比较新奇。纸装的制作工艺也十分的多样，基本上包括了普通衣服的制作工艺，包括剪、缝、扣，甚至编织等。皱纹纸、蜡光纸、锡箔纸、拷贝纸、普通的白纸、用过的报纸、塑料纸、卫生纸等都可以是衣服的"原材料"。下面几款纸装（图3-7）则是选择硬质纸张运用

图 3-7

折叠技法使礼服具有独特的褶皱纹理和强烈的视觉效果。

（2）塑料

塑料质轻，耐冲击性好，没有纸张脆弱易裂，但是尺寸稳定性差，容易变形，所以在服装设计中常用来塑造流苏褶皱等造型，多呈现透明或者半透明，有光泽，价格便宜，可塑性强，常出现在环保主题的创意服装上，如图3-8所示。

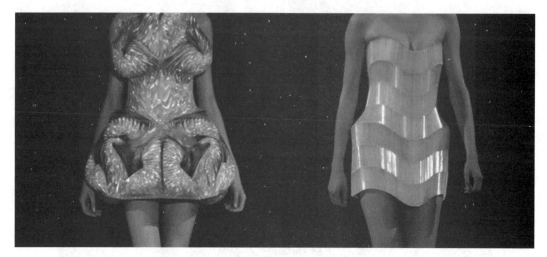

图3-8

（3）绳索

绳索的粗细长短跨度很大，用途也各不相同，在创意装的设计上，主要通过绳索的编织编结进行创作，或者利用其本身的风格和特征直接呈现原始的形态之美，下面这几款服装（图3-9），运用编结技术选择浅色细绳进行了艺术再创造，具有浓郁的生活气息和别样的服装风格。

（4）金属

金属是一种具有光泽，富有延展性，导电导热的物质，质地坚硬，不易塑形，在服装中的典型应用是古时征战所用的铠甲。由于其独有的特性，金属材质的服装常以外衣居多，裁剪缝制手法与常规面料完全不同，需要锻造、切割、钻孔、连缀等，多为概念性服装，如图3-10所示。

图 3-9

图 3-10

（5）气球

气球是充满空气或者别的气体的一种密封袋，不但可以作为玩具装饰还可以作为运输工具。其材质为橡胶，橡胶在常规温度下显示出高弹性。怕尖利物体的碰触，注定了其不可能用针线编织，主要通过编，结合扎系等工艺技法来完成。用充了气的气球编织的服装充满了童真童趣以及奇特的视觉效果，如图3-11所示。

图 3-11

（6）陶瓷

陶瓷是陶器和瓷器的总称，具有硬度高，无弹性，可塑性差以及易碎等特点。选择陶瓷作为创意服装的素材，其制作工艺技法除了切割、钻孔、连缀外，还有更典型的一种方式，即浇灌烧制成型。其风格具有浓重的体积感，犹如建筑一般，如图3-12所示。

（7）食材类

日常食材也可作为创意服装的材料，如瓜果蔬菜以及糖类食品等（图3-13），这些食材呈现不同的特质，在设计制作过程中的处理技法也大相径庭。以巧克力为例来进行阐述，巧克力的软硬与环境温度有很大的关系，高温下的巧克力呈现流质，低温时则为坚硬的固态。在进行创作时主要运用喷涂、挤压、切割、粘贴、连缀等手法，并时刻控制温度。

图 3-12

图 3-13

（8）其他材料

除上述材料之外，生活中的材料皆能为我所用，比如木头（图 3-14）、石头、树叶、光盘等，只要有开拓的思维，任何材料都可以用来创意，百无禁忌，突破传统，勇于创新，就能形成新的创作方向。

图 3-14

第三节　下装的廓体设计

　　服装廓体设计的关键部位有肩、腰、臀及下摆。对于下装而言，常用的服装廓型主要有 H 型、V 型、O 型、X 型和 A 型。

一、H型

　　也称长方形廓型，裙子和裤子以上下等宽的直筒状为特征。使人有修长、简约的感觉，具有严谨、庄重的风格特征，如图 3-15 所示。

二、O型

　　下装呈现腰头和脚口（或者裙摆）收紧的椭圆，整体造型较为丰满，呈现出圆润的 "O" 形观感，可以掩饰身体的缺陷. 充满幽默而时髦的气息，如图 3-16、图 3-17 所示。

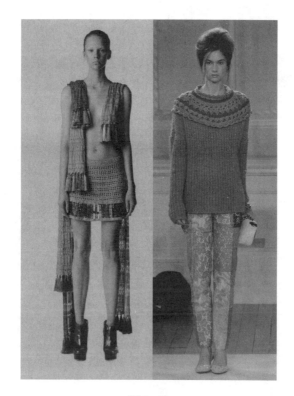

图 3-15

图 3-16 图 3-17

三、V型

腰臀部较宽,下面逐渐变窄,整体外形夸张,有力度,带有阳刚气,如图 3-18 所示。

图 3-18

四、X型

X 型是最能体现女性优雅气质的造型,具有柔和、优美的女性化风格,**裙子和裤子以上下口较宽、中间瘦紧为特征,**如图 3-19 所示。

图 3-19

五、A型

从上至下像梯形式逐渐展开的外型，给人可爱、活泼而浪漫的感觉，裙子和裤子均以紧腰阔摆为特征，如图 3-20 所示。

图 3-20

第四节　下装的分割设计

分割线是服装结构线的一种，连省成缝而形成，兼有或取代收省作用，也有无收省作用的纯装饰线。按线型特征可划分为直线分割、曲线分割、螺旋线分割；按形态方向划分横向分割、纵向分割、斜向分割。

一、分割线设计方法

1. 自由分割

概括为两类，即自由折线分割和自由曲线分割。分割时，应尽量避免等距离的分割，如图 3-21、图 3-22 所示。

图 3-21   图 3-22

2. 对称分割

对称分割要受到中轴线和中心点的制约，对称分割具有严肃大方、安定平稳的特征，如图 3-23 所示。

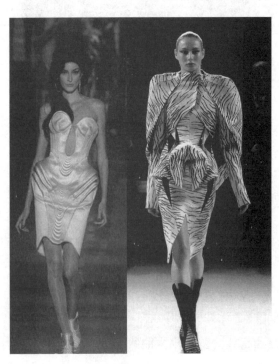

图 3-23

3. 渐变分割

指分割线的间隔依次增大或减少，并且在变化中具有动感与统一感的分割构成，具有加速度量的变化的美感，如图 3-24 所示。

图 3-24

4. 等量分割

不同面积的面料相拼，但是在视觉上却可以产生等量的感觉，如图 3-25 所示。

图 3-25

二、分割线装饰手法

1. 镶嵌法
在分割线处镶嵌以对比材质或者同材质不同肌理的面料，如图 3-26 所示。

图 3-26

2. 留边法
在缝合衣片时将布边外露的方法称为分割线的留边法，如图 3-27 所示。

图 3-27

3. 镂空法

即不将分割线的两边完全缝合，而是通过部分缝合或运用蕾丝等透明面料将其连接在一起，在分割线的部位使人的肌肤或内层服装能够透露出来的一种工艺手法，如图3-28所示。

在进行分割线设计时，不同的布局可以使人在视觉与心理上产生不同的感受，而其自身的装饰手法则可以强化分割线的设计，并使其呈现出不同的风格。

图 3-28

第五节　下装的饰件搭配

给服装进行饰件搭配是为了体现服装独特的设计理念和风格特征，对下装进行装饰是为了使下装看起来更加丰富多彩。常见的饰件搭配手法主要有以下几种：

一、图案装饰

图案装饰可以由印花面料表现，可以自由设计拼贴，可以手绘，也可以手工印染，还可以绣缀亮片、珠片来形成风格各异的图案，表达不同的主题，如图 3-29 所示。

图 3-29

二、褶裥装饰

服装的细节装饰不可或缺，褶涧使得平面的织物呈现立体状态，它丰富多变的形态在丰富服装的细节上表现的尤为典型，如图 3-30 所示。

图 3-30

三、自然物装饰

以自然界中的动植物形态作为服装的装饰搭配，表现了人对自然的向往和对生命的热爱。其中花在礼服中的应用最为广泛，不同的花表达不同的主题，如丁香象征纯洁，玫瑰代表爱情等。创意服装设计中常常通过自制各类立体花卉作为装饰素材。羽毛装饰是人类最早出现的装饰手法，现在主要运用色彩逼真的人造皮毛代替真正的动物皮毛作为服装搭配物，如图 3-31 所示。

图 3-31

四、服饰配件的装饰

服饰配件包括头饰、手饰、腰饰、鞋子、包等，是构成整体设计的重要部分。配饰的设计可以服从整体的需要，也可以作为主体创意设计，例如夸张的腰带、夸张的口袋等，如图 3-32 所示。

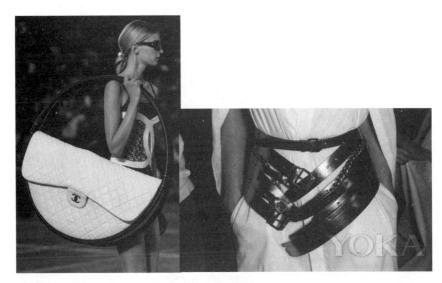

图 3-32

五、另类的装饰

在后现代艺术设计中，任何东西拿来运用都是合理的，尤其是创意装的设计，很少出现在服装中的配饰都被运用在了装饰中，表现出与传统美背道而驰的惊奇效果，例如骷髅、人骨、刀叉、金属片、石头、废物等，如图 3-33 所示。

图 3-33

当然手法是无止尽的，只要想到并加以实现，在这个猎奇和宽容的时代，你就可以尝试任何具有创新性的手法，将无穷的想象力表达给他人。

第四章

梭织面料下装
创意结构设计

第一节　梭织面料下装结构设计注意要点

虽然各种梭织面料因其组织、成分、风格等因素的差异有较大的不同，但是总体而言梭织面料经纬纱向弹性较小。在下装结构设计中一般把梭织面料视为无弹性，样板上会给出实际需要的松量，而不考虑面料弹性带来的松量值。

下面的第二节下装结构设计实例中，都使用第二章介绍的裙原型（图 2-7）与裤原型（图 2-19）为基础板型。在原型的基础上，根据不同的款式进行变化，得到最终的平面板型。

第二节　梭织面料下装创意结构设计实例

梭织面料下装创意结构设计分析与结构制图实例见图 4-1 至图 4-69。

（一）设计分析

　　梭织面料弹性较小，适合块面分割组合。此款裙（设计者：张妙嵘）利用不同块面的分割，塑造层叠与镂空的造型。腰部采用内贴边，后中开口安装隐形拉链。裙成品如图 4-1 所示 。

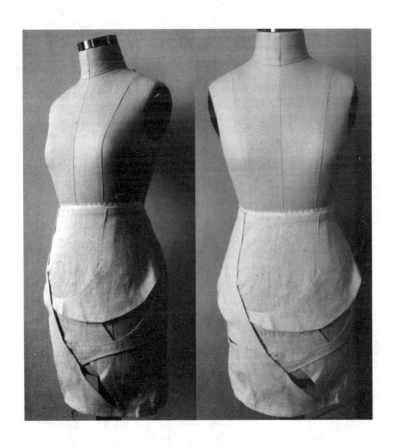

图 4-1

（二）结构制图

结构制图如图 4-2 所示。

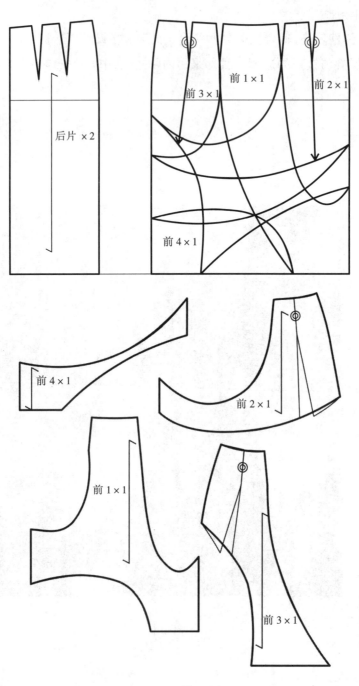

图 4-2

（一）设计分析

　　此款设计亮点在前片不规则的褶裥和下摆。利用梭织面料的硬挺度与悬垂性，展现褶裥的变化之美。设计图如图 4-3 所示。

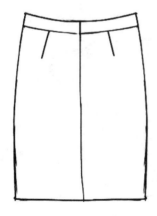

图 4-3

（二）结构制图

结构制图如图 4-4、图 4-5 所示。

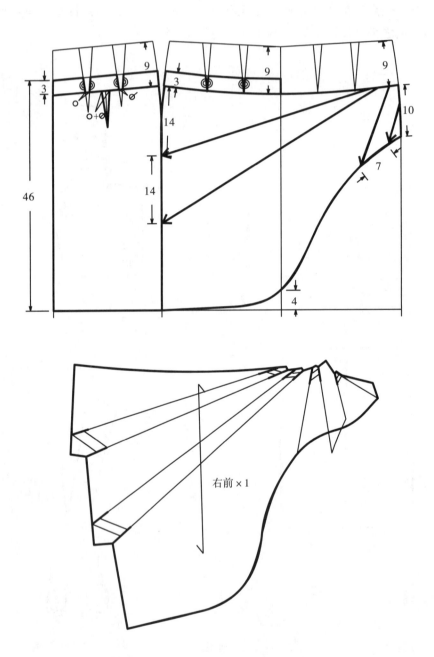

右前×1

图 4-4

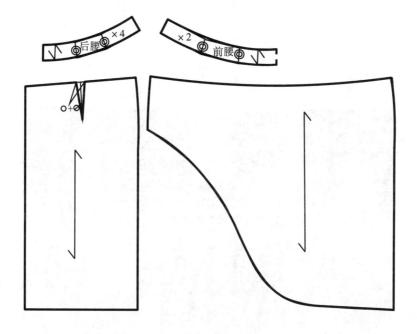

图4-5

(一) 设计分析

此款裙子（设计者：吴西子）使用的是硬挺度较大的梭织面料，在裙下摆塑造三个立体的拱形，使裙身具有雕塑感。腰部采用内贴边，后中开口安装隐形拉链。裙成品如图 4-6 所示。

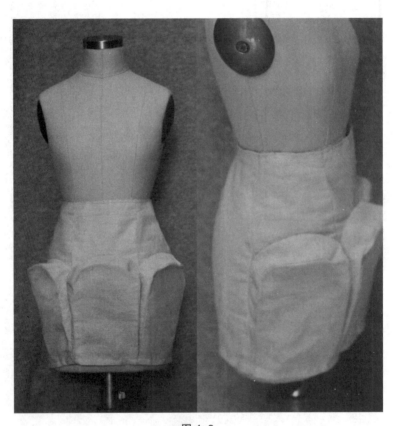

图 4-6

（二）结构制图

结构制图如图 4-7 所示。

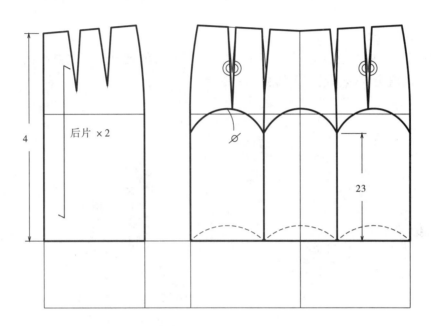

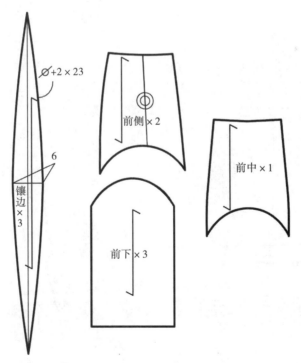

图 4-7

（一）设计分析

此款设计重点在侧面的立体口袋造型。利用面料的硬挺度，在体侧做出圆拱形，与裙身的分割融为一体。设计图如图4-8所示。

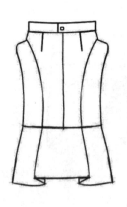

图4-8

（二）结构制图

结构制图如图 4-9 所示。

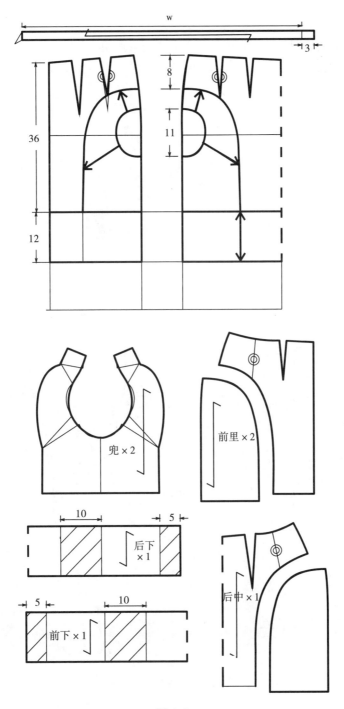

图 4-9

（一）设计分析

    此款裙子亮点在前中的分割与褶皱。设计巧妙之处在前中破刀，增加褶量，在正面形成褶裥裙的下摆，侧面又是无分割的整体造型。设计图如图 4-10 所示。

图 4-10

（二）结构制图

结构制图如图 4-11 所示。

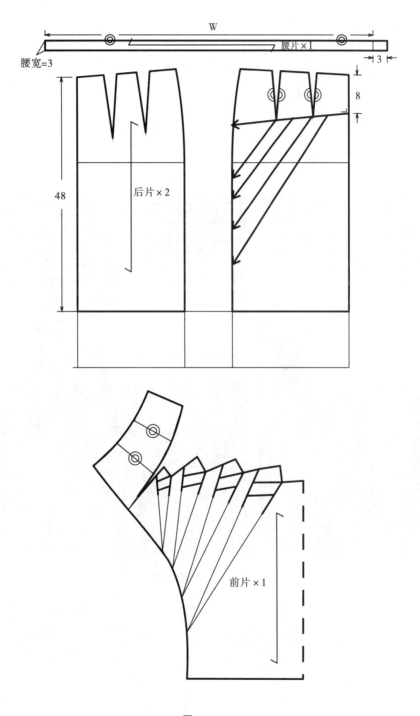

图 4-11

（一）设计分析

此款裙子（设计者：李文娟）设计亮点在前中的层叠组合，形成回转的图案，利用最简单的方法，对面料进行二次设计。腰部采用内贴边，后中开口安装隐形拉链。裙成品图片如图4-12所示。

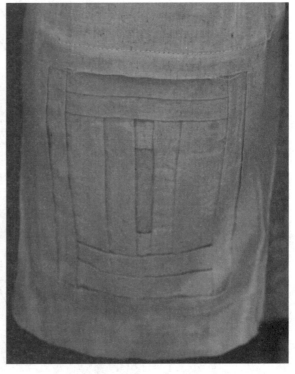

图4-12

（二）结构制图

结构制图如图 4-13 所示。

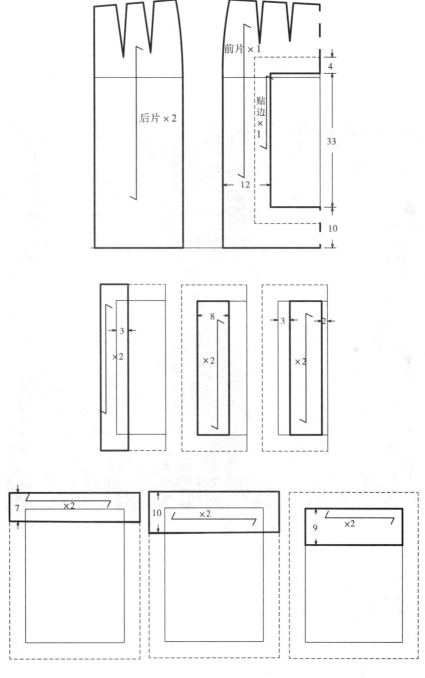

图 4-13

（一）设计分析

　　此款裙子（设计者：张妙嵘）在前片进行弧形分割，利用分割巧妙地在腰部形成立体的环形装饰。腰部采用内贴边，后中开口安装隐形拉链。裙成品图片如图4-14所示。

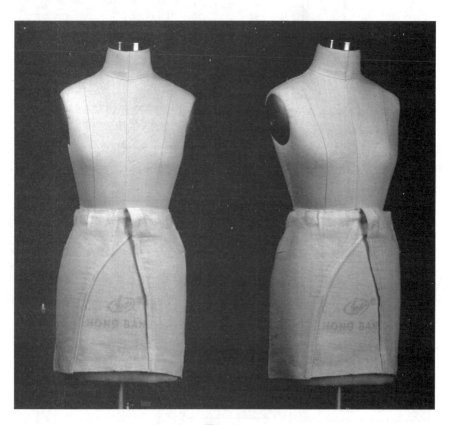

图 4-14

（二）结构制图

结构制图如图 4-15 所示。

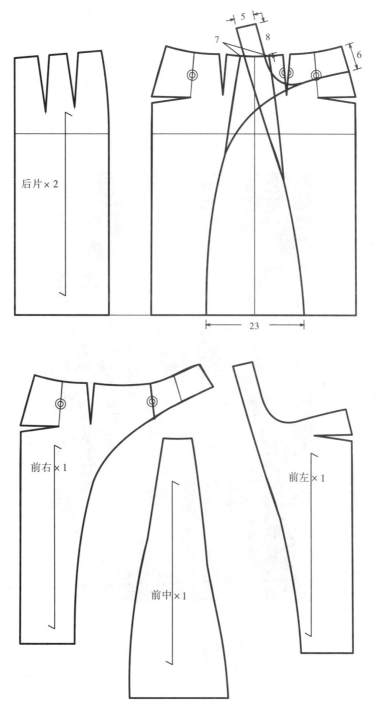

图 4-15

8

（一）设计分析

此款裙子(设计者：吴西子)下摆设计有 8 个立方体，使裙子从平面延伸到三维空间，具有建筑的立体感。腰部采用内贴边，后中开口安装隐形拉链。裙成品图片如图 4-16 所示。

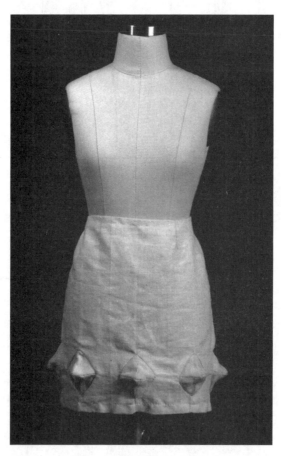

图 4-16

（二）结构制图

结构制图如图 4-17 所示。

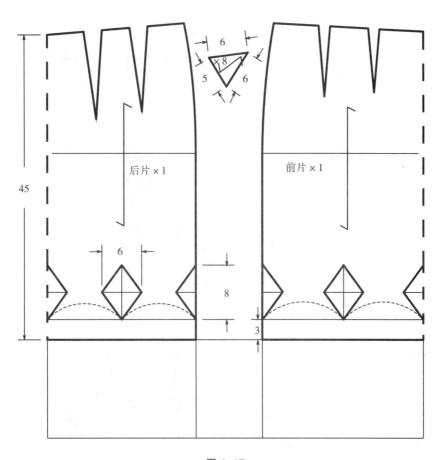

图 4-17

（一）设计分析

　　此款裙子的设计亮点在前片的立体交叠图案。前片的两层立体褶皱融为一体，形成玫瑰花蕊的开口，体现浪漫情怀。裙子的廓型沿用紧身直筒，利落干练。腰部采用内贴边，后中开口安装隐形拉链。设计图如图 4-18 所示。

图 4-18

（二）结构制图

结构制图如图 4-19、图 4-20 所示。

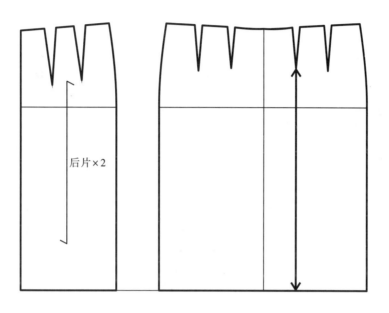

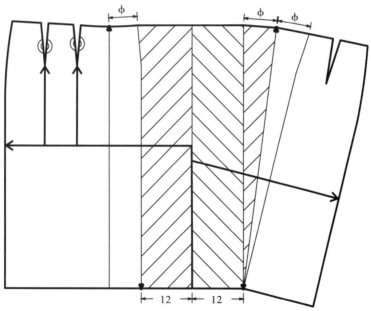

图 4-19

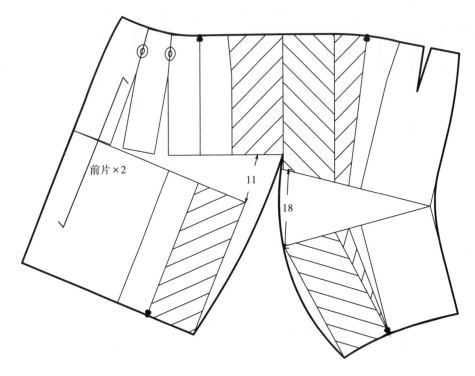

图 4-20

（一）设计分析

　　此款裤子为低腰紧身廓型，在腰部与下脚口处弧形分割拼色，与裤身形成对比。腰部的拼色巧妙地转移掉省道，形成一个整体。设计图如图 4-21 所示。

图 4-21

（二）结构制图

结构制图如图 4-22、图 4-23 所示。

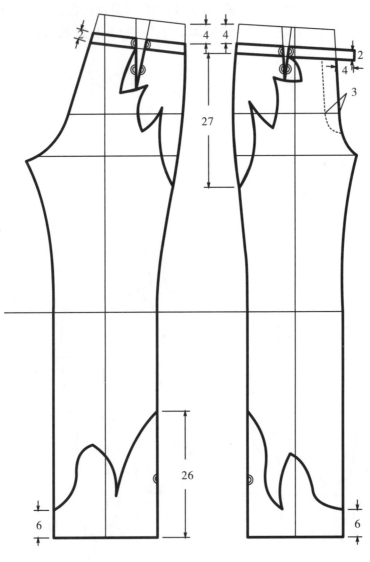

图 4-22

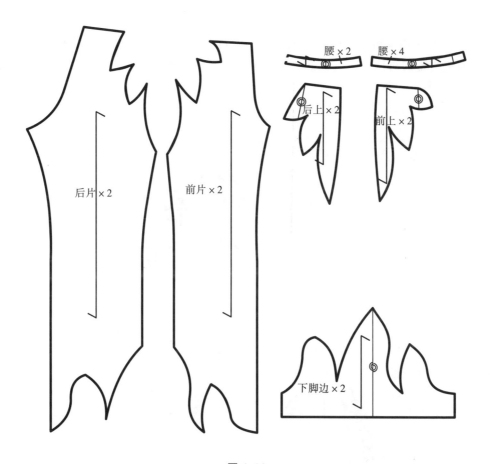

腰×2　　腰×4

后上×2　　前上×2

后片×2　　前片×2

下脚边×2

图 4-23

（一）设计分析

此款裤子为低腰紧身廓型，在侧面分割，增加褶量。设计亮点在于侧面的褶皱与中间平面疏与密的对比关系。腰部使用内贴边。设计图如图4-24所示。

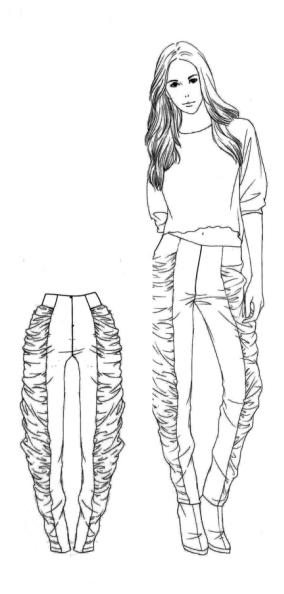

图4-24

（二）结构制图

结构制图如图 4-25、图 4-26、图 4-27 所示。

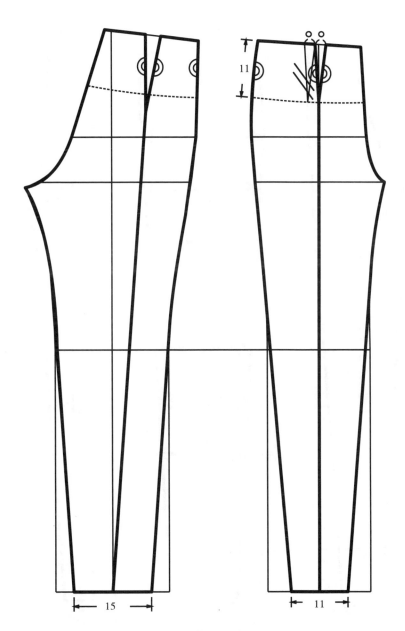

图 4-25

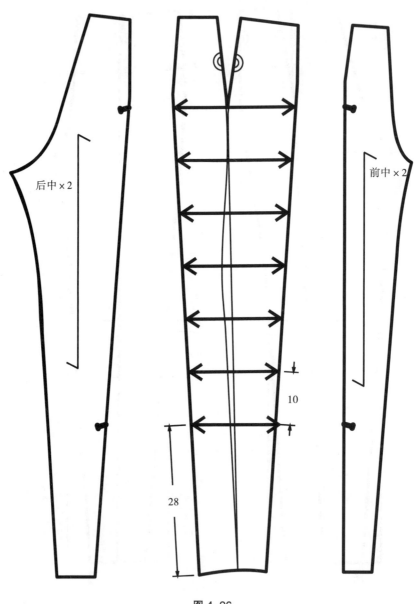

后中×2

前中×2

10

28

图 4-26

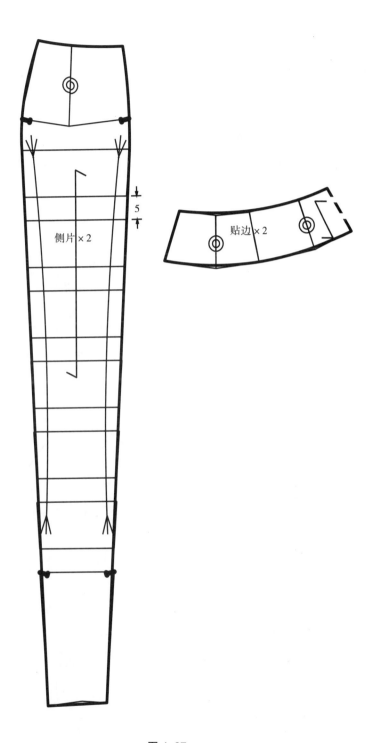

图 4-27

（一）设计分析

此款裤子设计亮点为侧面的曲线造型。利用面料极强的硬挺度，塑造侧面的立体
弧线造型，形成夸张的趣味感。腰部使用内贴边。设计图如图4-28所示。

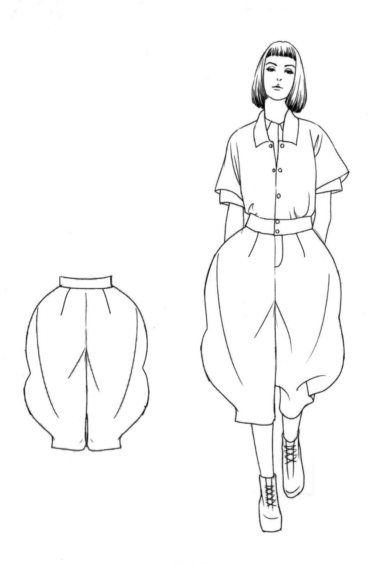

图4-28

（二）结构制图

结构制图如图 4-29 所示。

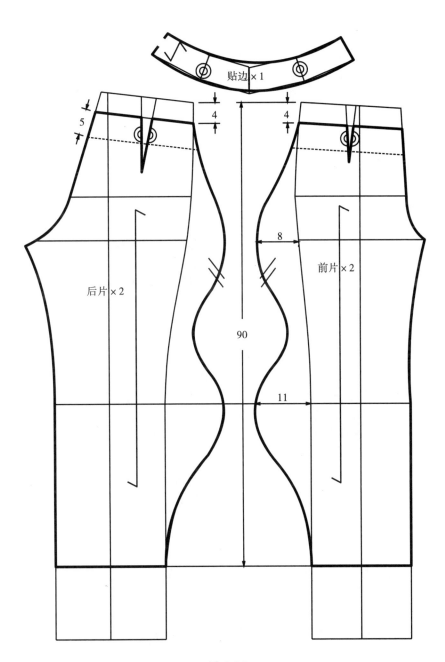

图 4-29

（一）设计分析

　　此款设计亮点为曲线的荷叶造型，利用前片的分割，把垂坠的荷叶造型与裙片融为一体。设计图如图 4–30 所示。

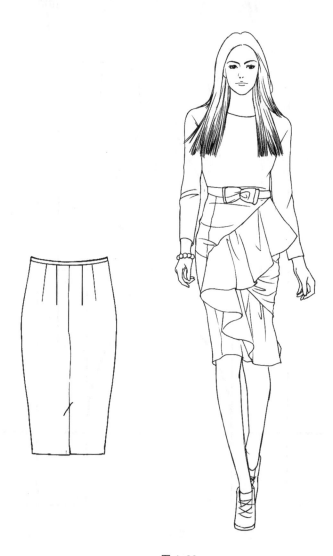

图 4–30

（二）结构制图

结构制图如图 4-31、图 4-32 所示。

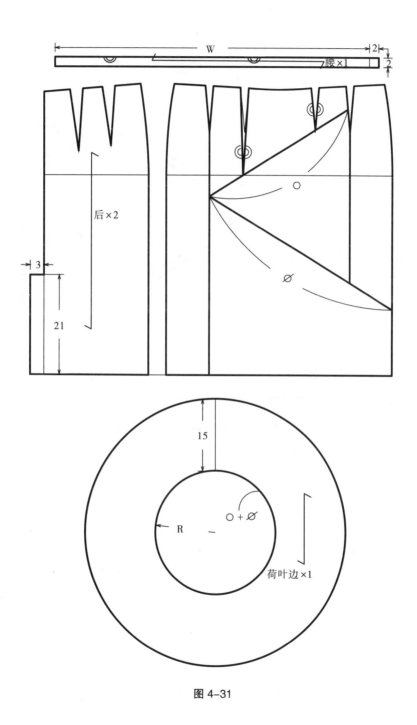

图 4-31

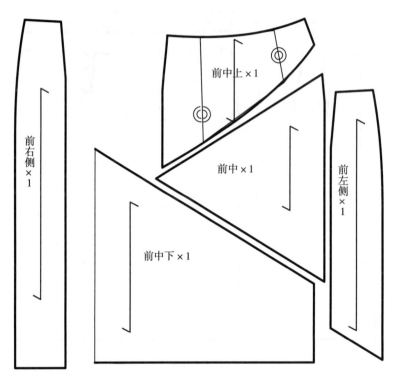

图 4-32

（一）设计分析

此款裙子利用两种面料拼接，利用不透明的面料与透明的蕾丝进行对比。侧面弧线的分割既增加女性的柔美，又有使臀部变窄的作用。设计图如图 4-33 所示。

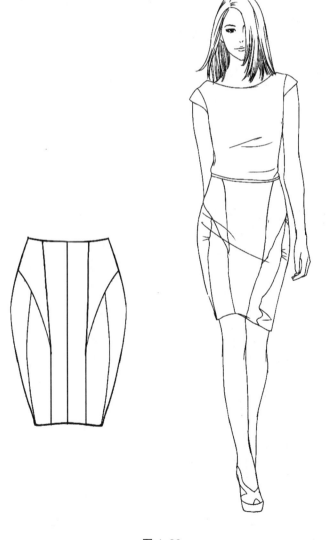

图 4-33

（二）结构制图

结构制图如图4-34所示。

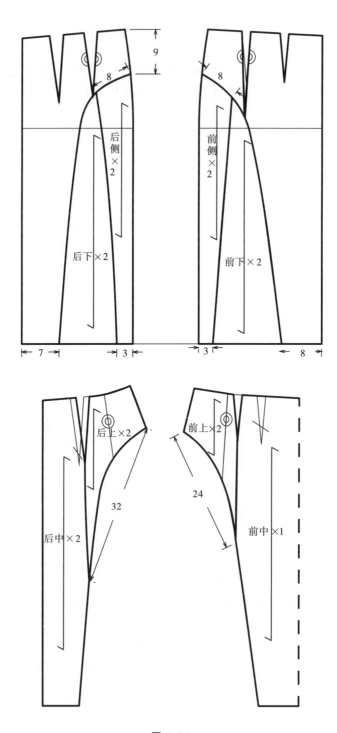

图 4-34

（一）设计分析

此款为高腰裙，利用侧面夸张的曲线分割，增加臀部的丰满度，强调了腰部的纤细。腰部使用内贴边，后中开口安装隐形拉链。设计图如图 4-35 所示。

图 4-35

（二）结构制图

结构制图如图4-36所示。

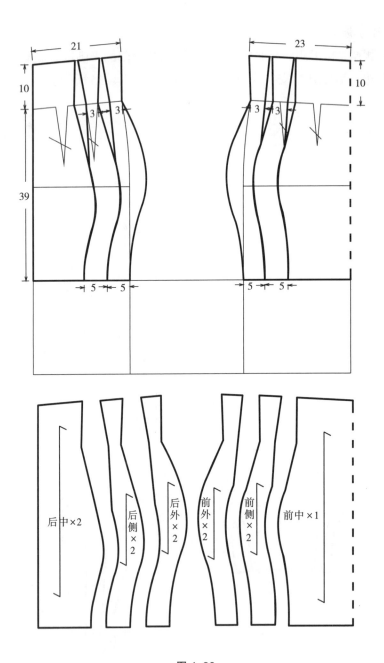

图4-36

（一）设计分析

此款设计为里外两层，裙外层在下摆处往上，形成郁金香的造型。外层面料不规则的褶皱用点缝的形式固定在内层的裙子上。设计图如图 4-37 所示。

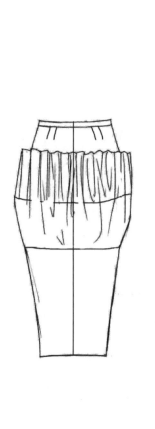

图 4-37

（二）结构制图

结构制图如图 4-38、图 4-39 所示。

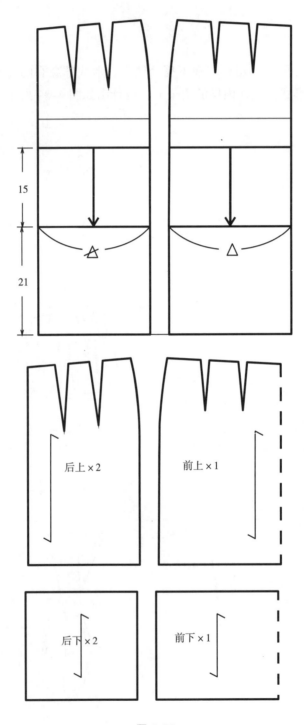

图 4-38

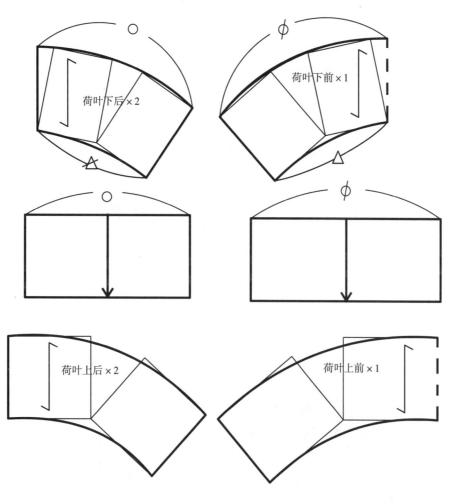

荷叶下后×2

荷叶下前×1

荷叶上后×2

荷叶上前×1

图 4-39

（一）设计分析

　　裙子的廓型为钟形，采用硬挺的面料达到挺括的效果。接缝处没有支撑的骨架结构，全靠面料自身的挺括性塑型。设计图如图4-40所示。

图4-40

（二）结构制图

制图采用比例直接画图法。W 为 68cm，根据 W=2πR 计算得小圆半径 10.8cm。结构制图如图 4-41 所示。

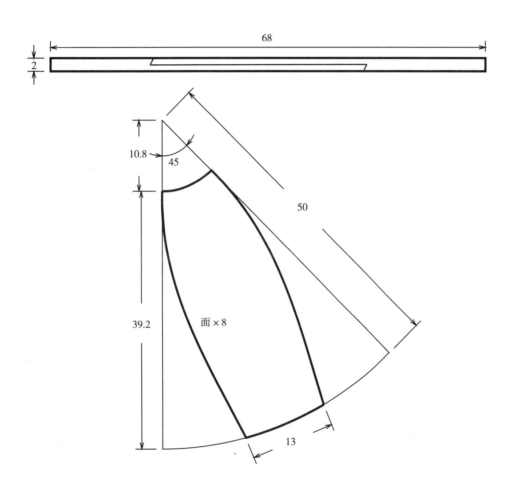

图 4-41

（一）设计分析

大喇叭裙的基础廓型，在两侧增加了伸出的大耳朵造型。选择硬挺度大的面料，裙子的挺括感较好。设计图如图 4-42 所示。

图 4-42

（二）结构制图

结构制图如图 4-43、图 4-44 所示。

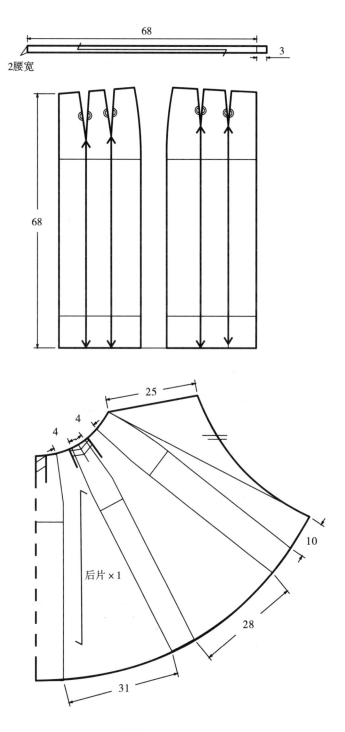

图 4-43

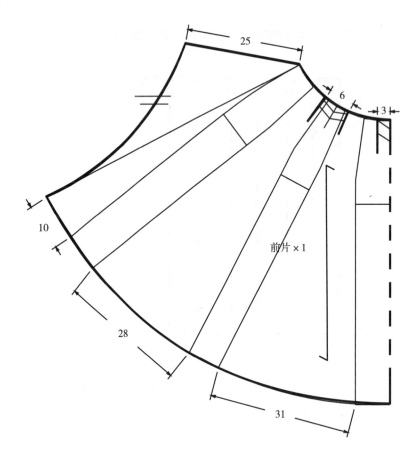

图 4-44

（一）设计分析

　　裙腰采用花瓣形状，裙身变省为褶裥。腰部的设计可以产生腰部纤细的视错觉。设计图如图 4-45 所示。

图 4-45

（二）结构制图

结构制图如图 4-46 所示。

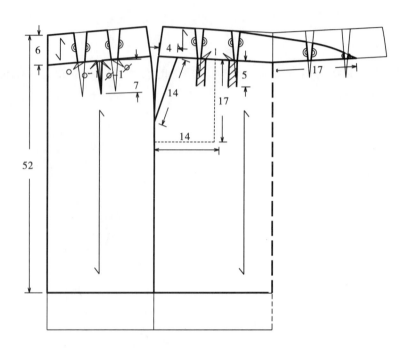

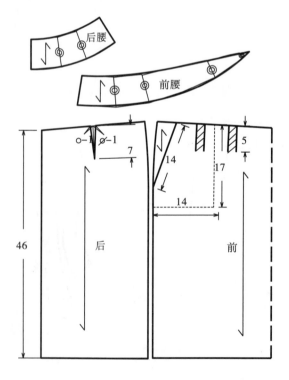

图 4-46

20

（一）设计分析

裤子为锥形裤，呈三角形态。腰部的褶裥量大，采用了二次剪切展开的方式，达到设计的褶量。设计图如图 4-47 所示。

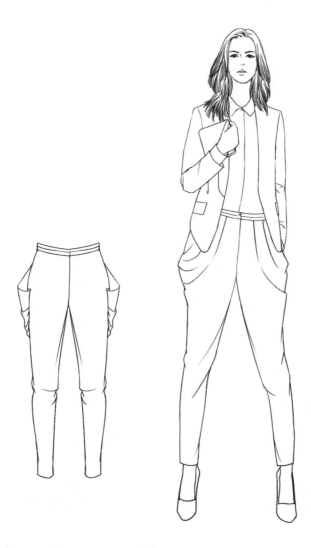

图 4-47

（二）结构制图

结构制图如图 4-48、图 4-49、图 4-50 所示。

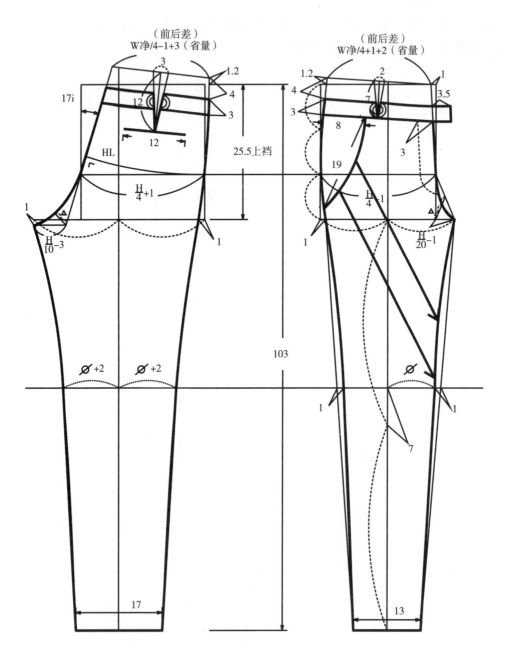

图 4-48

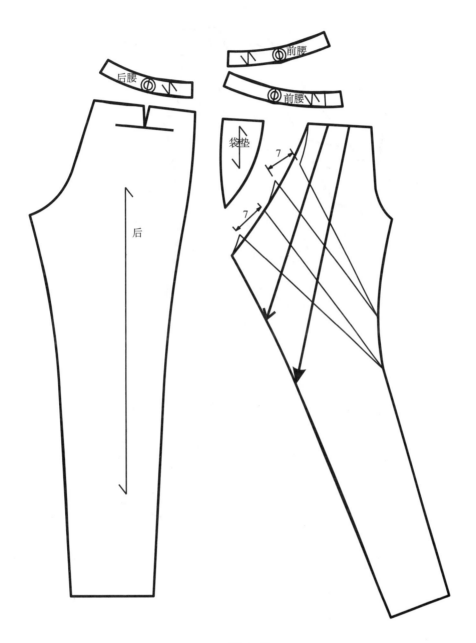

图 4-49

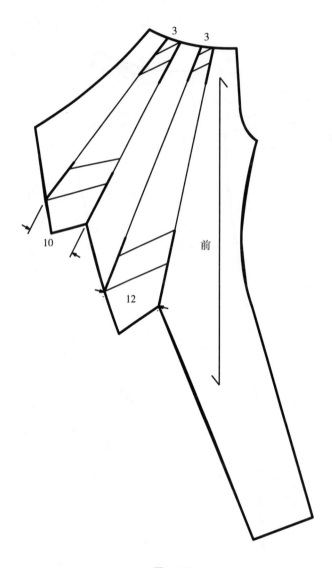

图 4-50

21

（一）设计分析

裙的两侧有立体的造型设计，采用硬挺度大的面料，并黏合硬度较大的黏合衬。设计图如图 4-51 所示。

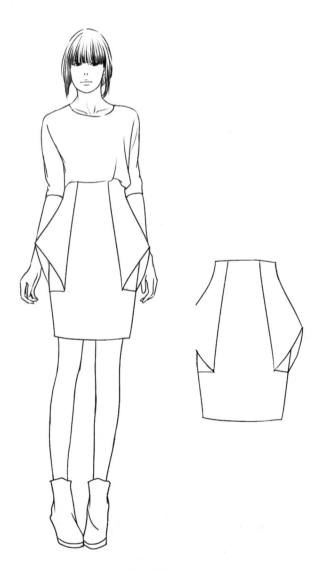

图 4-51

（二）结构制图

结构制图如图 4-52 所示。

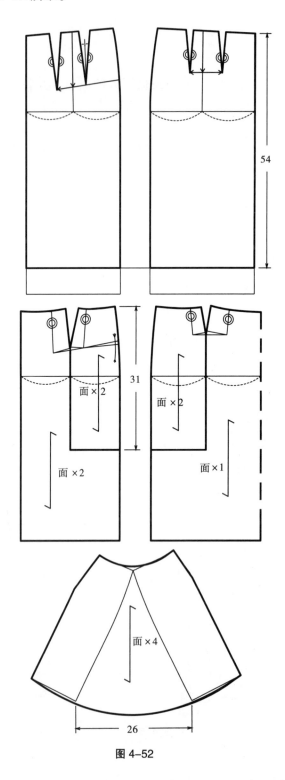

图 4-52

22

（一）设计分析

设计的重点在前腹部的褶裥，四个放射状的褶裥组成图案。此款裤子增加腹部的突出量，适合腹部十分平坦的人穿着。设计图如图 4-53 所示。

图 4-53

（二）结构制图

结构制图如图4-54、图4-55所示。

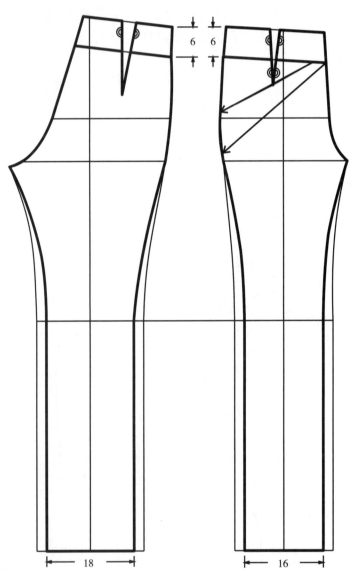

图 4-54

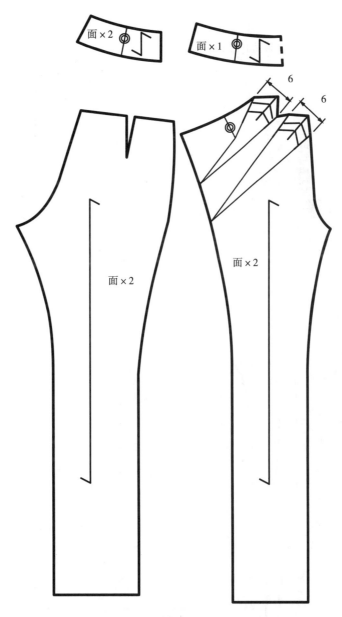

面×2

面×1

6

6

面×2

面×2

图 4–55

（一）设计分析

　　此款裙子是脱离人体的夸张造型。裙摆与腰头采用内贴边形式处理，贴边布与面料直接镶嵌毛绒材质。设计图如图 4-56 所示。

图 4-56

（二）结构制图

结构制图如图 4-57 所示。

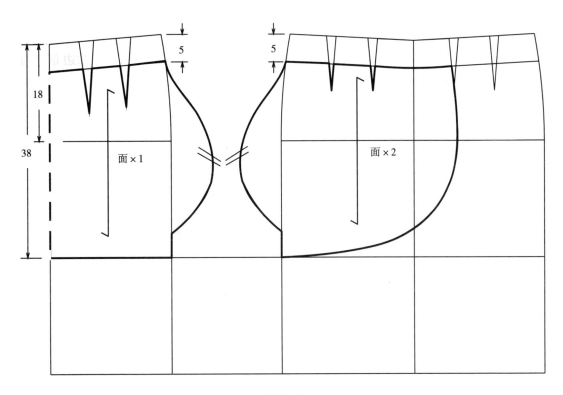

图 4-57

（一）设计分析

　　裙子的下摆为不对称的展开，在臀部的一侧合缝固定。腰头为直腰，在侧缝绱隐形拉链。设计图如图 4-58 所示。

图 4-58

（二）结构制图

结构制图如图 4-59 所示。

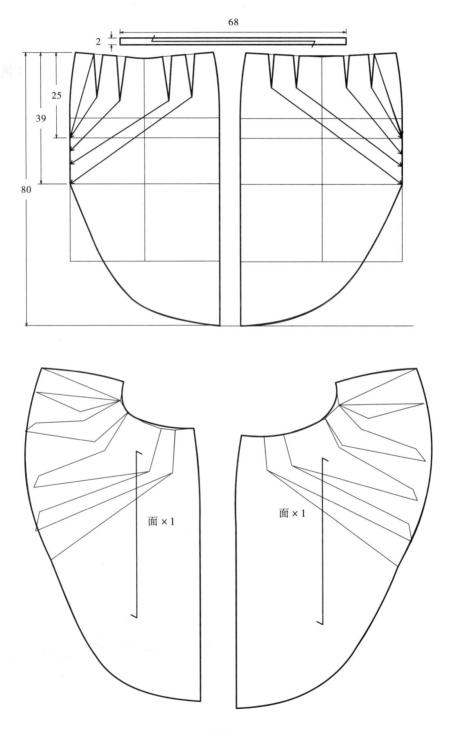

图 4-59

（一）设计分析

　　裙子采用厚重的毛呢织物，裙的缝头不处理，留出布的自然毛边，腰头采用细条包边形式。设计图如图 4-60 所示。

图 4-60

（二）结构制图

结构制图如图 4-61 所示。

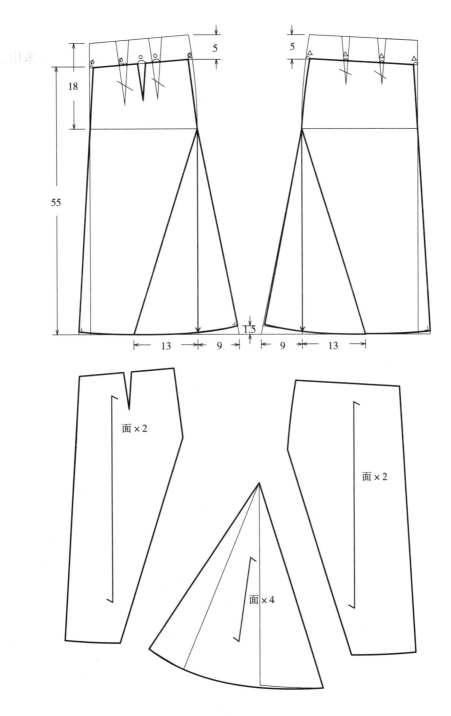

图 4-61

26

（一）设计分析

　　裙子采用两种面料拼接，一种为亚光厚重呢料，一种为亮光丝绸。裙腰部的内层丝绸翻折出来，形成花的图案。设计图如图 4-62 所示。

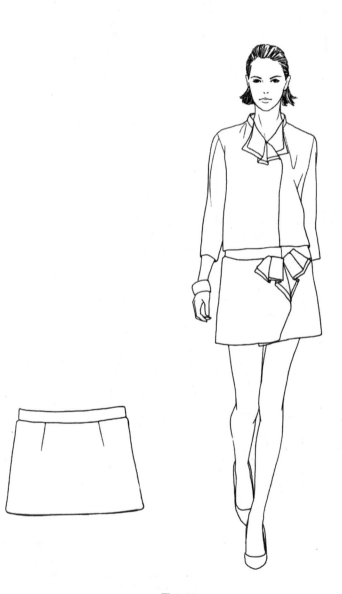

图 4-62

（二）结构制图

结构制图如图4-63所示。

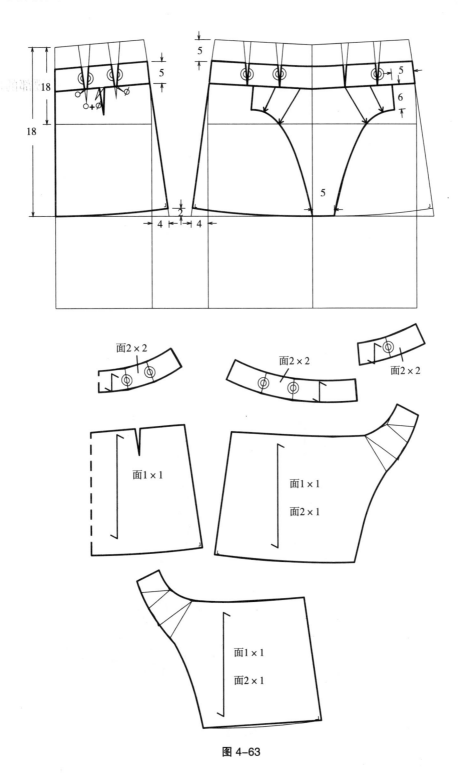

图4-63

27

（一）设计分析

　　裙子为多片分割裙。不规则的分割和荷叶边的配合，形成刚与柔的对比。裙前后片图案相同，在侧缝安装隐形拉链。设计图如图 4-64 所示。

图 4-64

（二）结构制图

结构制图如图 4-65 所示。

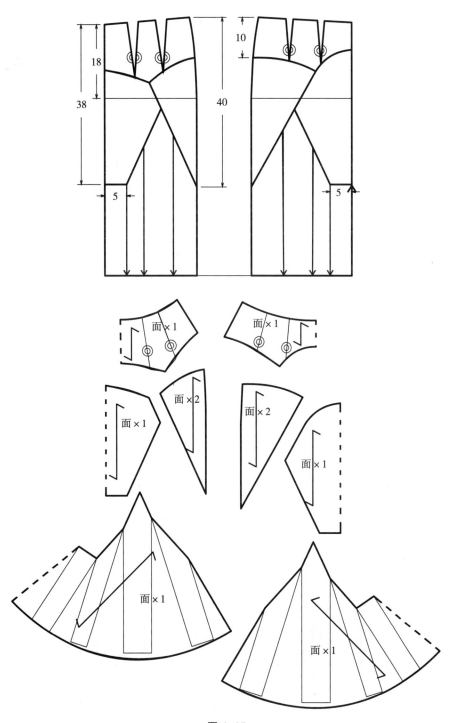

图 4-65

（一）设计分析

此款裙子采用两种面料。前后中的不透明面料与侧面的纱料形成虚与实的对比。中间的分割线，有修饰体型的视觉效果。设计图如图 4-66 所示。

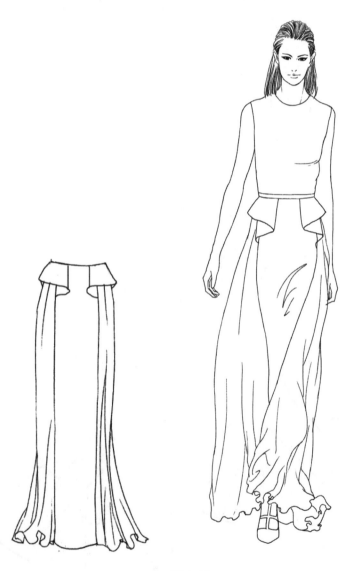

图 4-66

（二）结构制图

结构制图如图 4-67、图 4-68、图 4-69 所示。

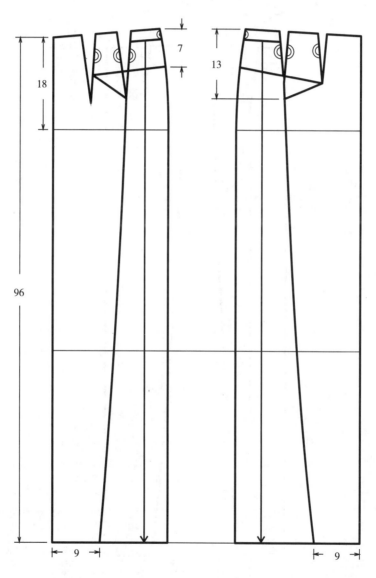

图 4-67

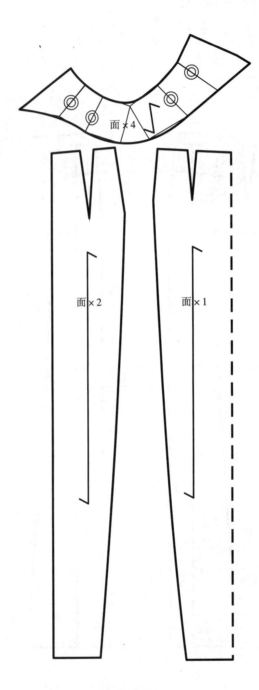

图 4-68

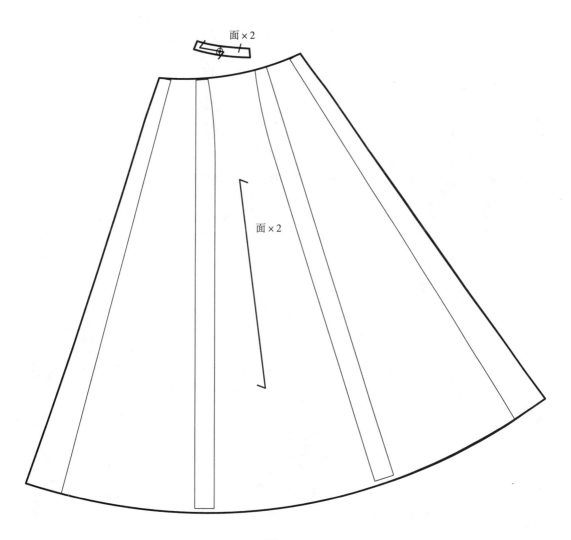

面×2

面×2

图 4-69

第五章

针织面料下装
创意结构设计

第一节　针织面料下装结构设计注意要点

　　针织面料是由线圈为单位构成的。由于构成方式与梭织面料不同，针织面料的弹性远远大于梭织面料，尤其是纬向上的弹性极大。在平面裁剪时，要充分考虑针织面料的弹性。板样的运动松量往往是由针织料本身的弹性提供，所以放松量可以为零，甚至为负。针织料本身还有卷边、回弹等特性，针对具体款式有不同的处理。

　　第二章介绍的裙原型，是针对梭织面料的。针织面料的弹性较大，所以裙原型需要调整。针织裙由于面料尺寸的变形性，臀围松量为零，根据不同面料可以调整。调整后的针织裙原型见图 5-1。本章第二节的平面裁剪实例中，都使用图 5-1 为基础板型。在原型的基础上，根据不同的款式进行变化，得到最终的平面板型。

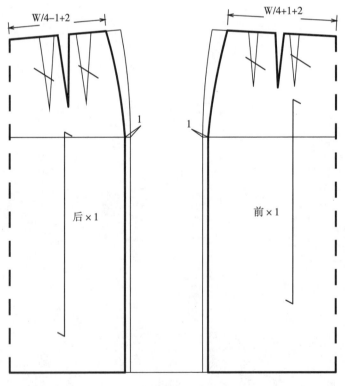

图 5-1

第二节　针织面料下装创意结构设计实例

针织面料下装创意结构设计分析与结构制图实例见图 5-1 至图 5-26。

（一）设计分析

此款采用较薄弹性较小的针织料，能产生自然的垂坠感。设计亮点在于侧面的拼色与不对称褶皱。由于针织面料易变形，所以腰头采用针织罗纹材料。设计图如图 5-2 所示。

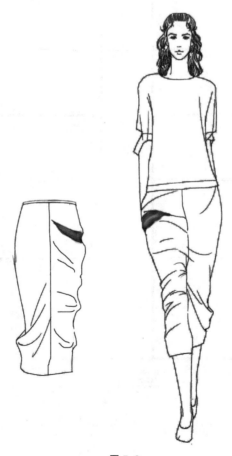

图 5-2

（二）结构制图

结构制图如图 5-3、图 5-4 所示。

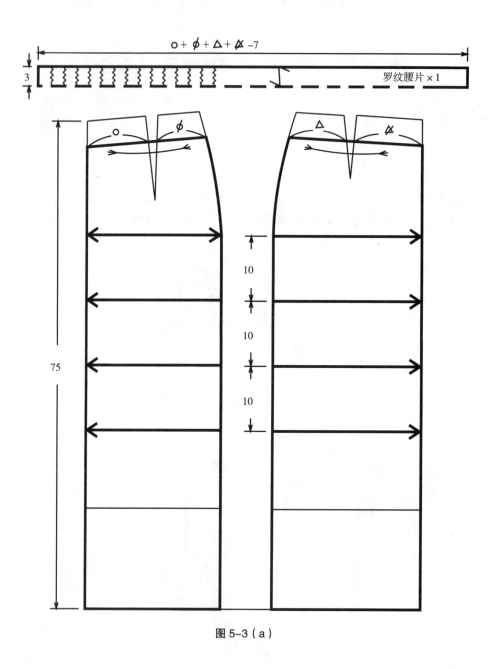

图 5-3（a）

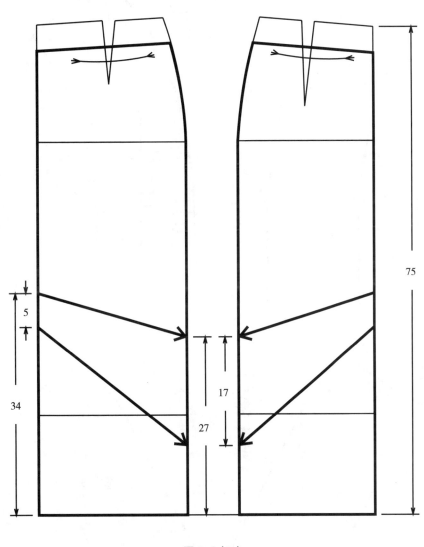

图 5-3（b）

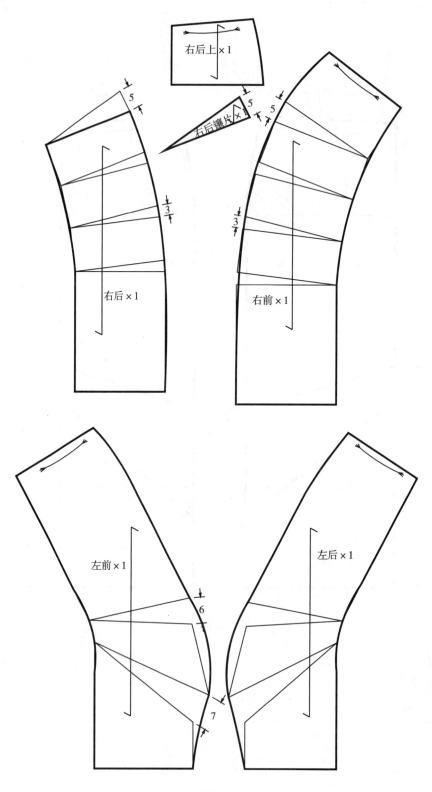

右后上×1

右后镶片×1

右后×1

右前×1

左前×1

左后×1

图 5-4

2

（一）设计分析

此款采用较薄弹性较小的针织料。由于针织面料易变形，所以腰头采用针织罗纹材料。裙子在侧面的层叠双色拼接为设计的亮点。设计图如图5-5所示。

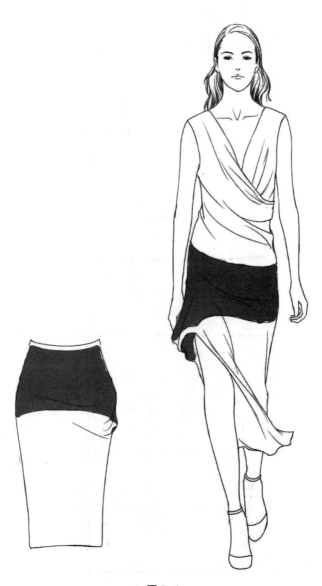

图 5-4

（二）结构制图

结构制图如图 5-5、图 5-6 所示。

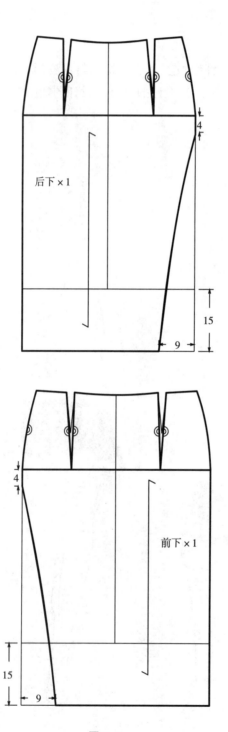

图 5-5

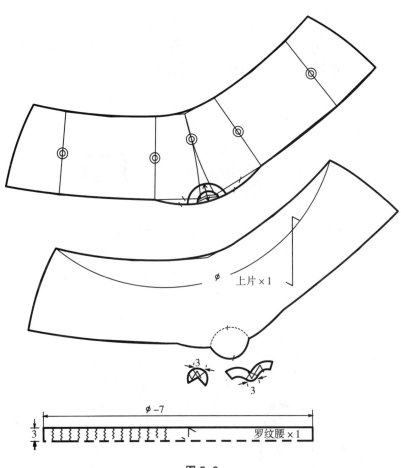

ø 上片×1

ø −7

罗纹腰×1

图 5-6

（一）设计分析

此款利用针织面料的柔软性，塑造横向的褶皱。由于针织料的弹性大，易变形，所以腰的内贴边采用梭织面料，可得到稳定的腰部尺寸。设计图如图5-7所示。

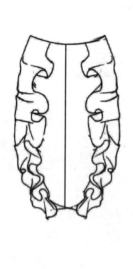

图 5-7

（二）结构制图

结构制图如图 5-8 所示。

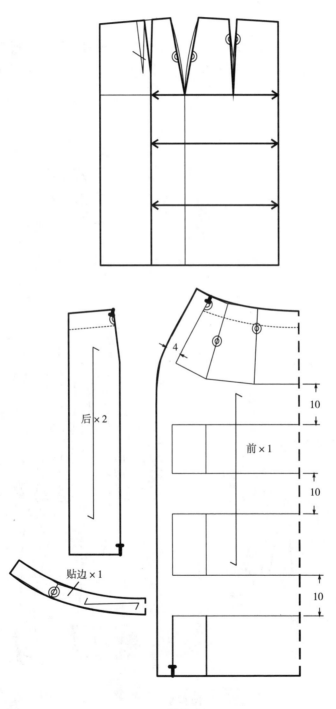

图 5-8

（一）设计分析

裙前中不规则的裙片是设计的重点，利用薄针织料的悬垂性，塑造趣味的下摆。裙腰采用针织的罗纹，既可以不用增加开口，又能保持腰部尺寸的稳定。设计图如图5-9所示。

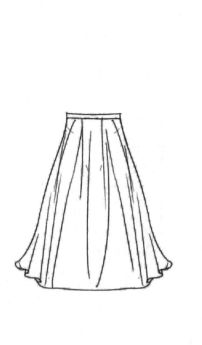

图 5-9

（二）结构制图

结构制图如图 5-10、图 5-11 所示。

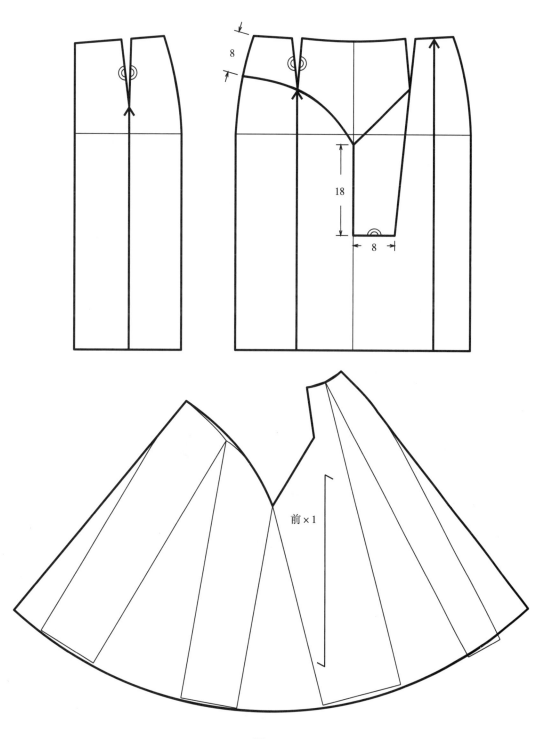

图 5-10

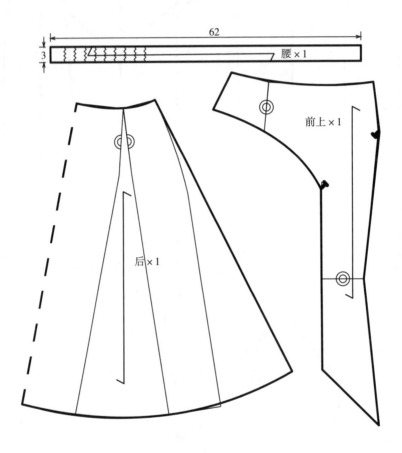

图 5-11

（一）设计分析

裙子采用较厚的针织，具有较好的硬挺度。裙子分为两层，为 O 型轮廓。在两层交接处形成针织特有的绷缝衔接。设计图如图 5-12 所示。

图 5-12

（二）结构制图

结构制图如图 5-13、图 5-14 所示。

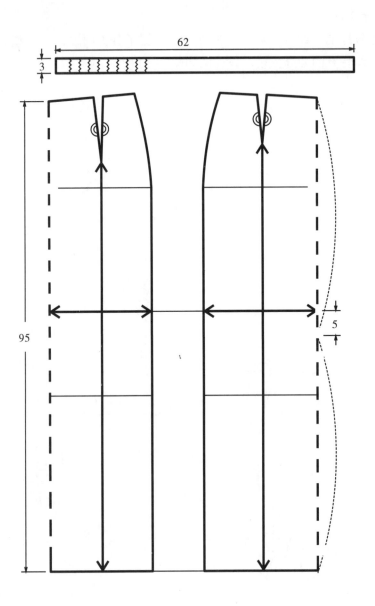

图 5-13

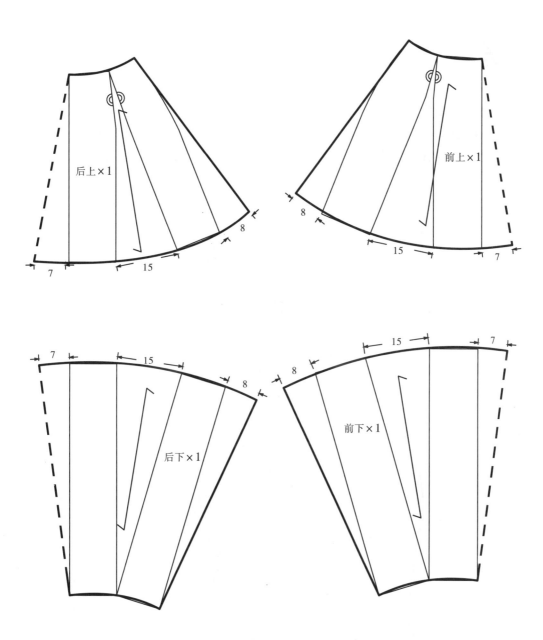

图 5-14

（一）设计分析

此款采用薄针织面料，前中有斜向的褶皱，与侧片形成疏与密的对比。腰片采用罗纹针织面料，因此不用留开口闭合。设计图如图5-15所示。

图 5-15

（二）结构制图

结构制图如图 5-16 所示。

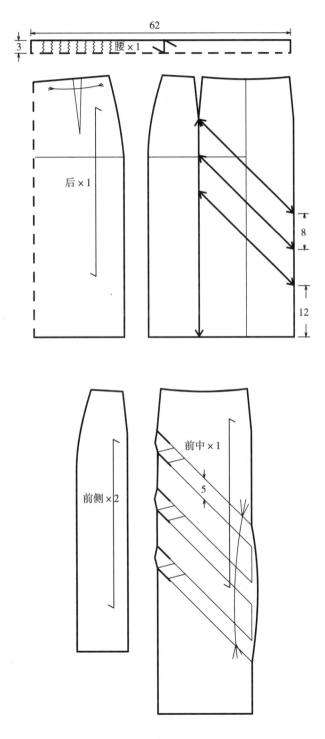

图 5-16

（一）设计分析

此款设计为低腰，腰片采用梭织面料，能保持腰部尺寸，后中安装隐形拉链。裙身采用较厚的针织面料，悬垂感不强，有较强的厚重感。设计图如图5-17所示。

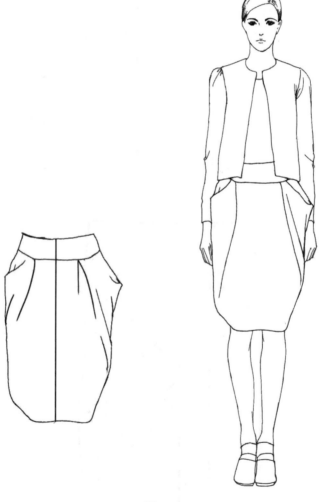

图 5-17

（二）结构制图

结构制图如图 5-18 所示。

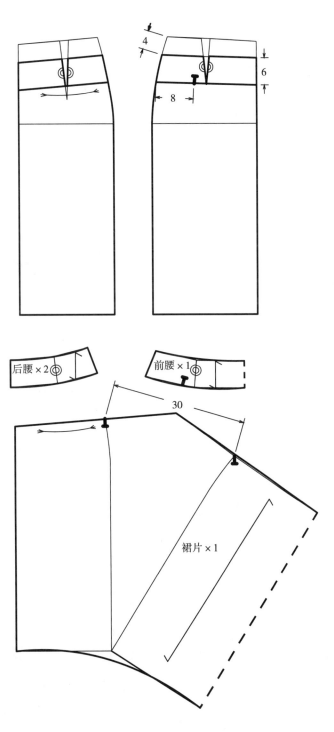

图 5-18

（一）设计分析

  此款的为落裆裤，因为是柔软的针织面料，使得夸张的裆部褶皱也不显得臃肿。裆部落量过大，使得裤子的下肢运动不是很方便，针织面料本身较大的弹性弥补了这一缺点。设计图如图 5-19 所示。

图 5-19

（二）结构制图

结构制图如图 5-20、图 5-21、图 5-22 所示。

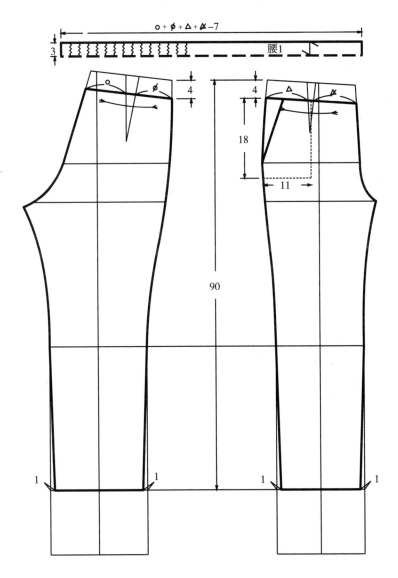

图 5-20

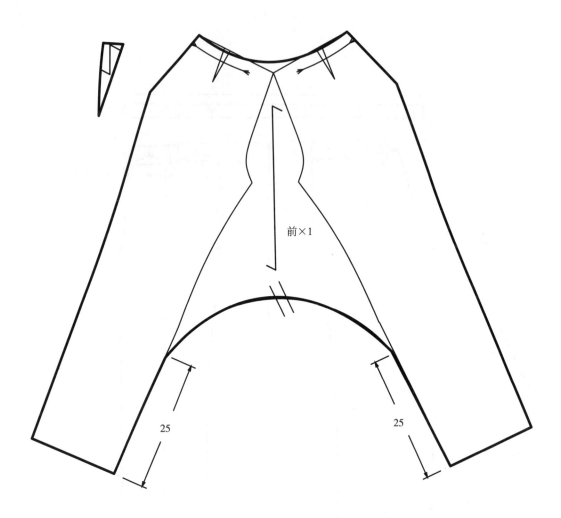

前×1

25

25

图 5-21

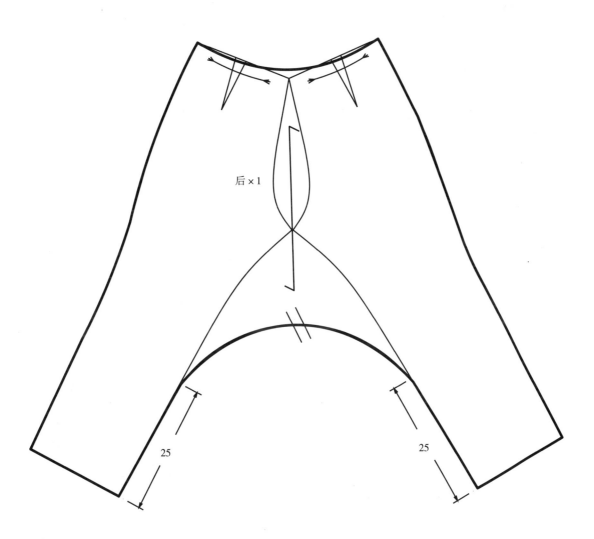

后×1

25

25

图 5-22

（一）设计分析

　　此款针织小短裙（图 5-23），裙身较短，适合搭配打底裤或者衬裤穿着。前腹部的蝴蝶结造型增加裙子的可爱感。裙子针织面料弹性较大，因此没有设计腰部的开口，直接穿着。

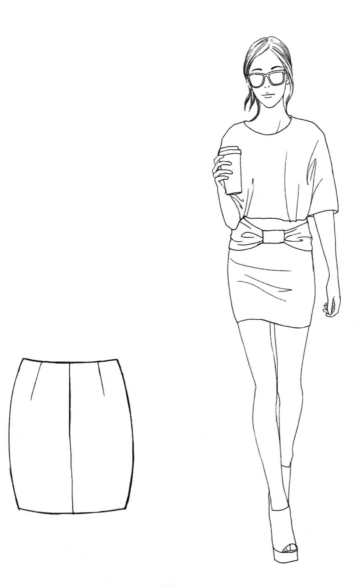

图 5-23

（二）结构制图

结构制图如图 5-24 所示。

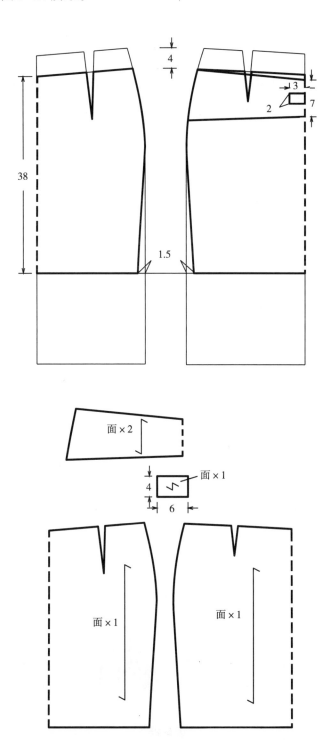

图 5-24

（一）设计分析

此款裙子（图5-25）采用了两种针织面料制成。腰部的针织面料弹性较大，很柔软。裙身的针织料弹性较小，有一定厚重感。软硬对比是设计的重点。

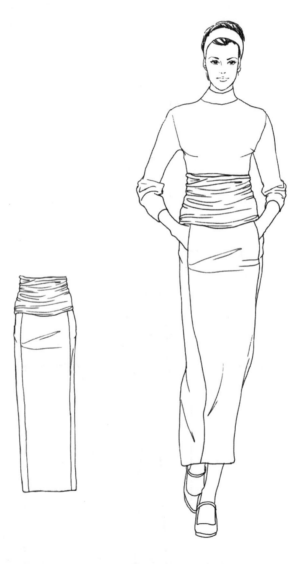

图 5-25

（二）结构制图

结构制图如图 5-26 所示。

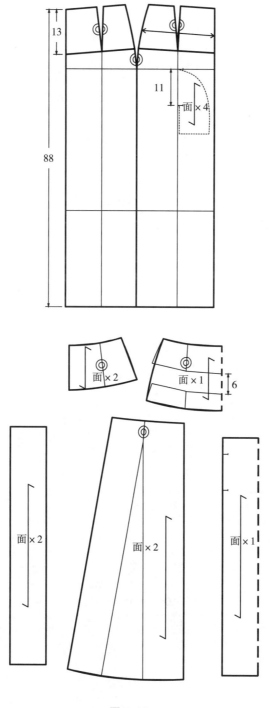

图 5-26

第六章

非服用材料下装
创意结构设计

第一节　非服用材料下装结构设计注意要点

创意装设计中经常使用非服用材料。非服用材料一般有纸张、塑料、玻璃、麻绳等。非服用的材料，一般不具备适合人体运动的柔软性和弹性。并且非服用材料的缝合大部分不能靠传统的缝纫线缝合方式，要根据具体的材料采用特殊的形式，例如用胶黏合、铆钉铆合等。考虑不同的材料特性，还要采取不同的开口形式。总之，非服用材料的平面裁剪要充分考虑材料的特殊性，运动松量、缝头、闭合方式等都要针对具体情况特殊处理。

下面第二节平面裁剪实例中，都使用第二章介绍的裙原型（图 2-6）为基础板型。在原型的基础上，根据不同的款式进行变化，得到最终的平面板型。

第二节　非服用材料下装创意结构设计实例

非服用材料下装创意结构设计分析与结构制图实例见图 6-1 至图 6-11。

（一）设计分析

　　此款设计利用纸张的容易定型的特点,塑造裙摆的翻转张扬的效果。纸张不会滑边,所以腰线和下摆不用留出缝头。腰部需要翻转,纸张较脆,因此不用在腰部再加腰带或者贴边。裙子的开口,采用后中破开,安装隐形拉链,用缝纫线形式固定,最后用胶水再做一次辅助固定。后中缝头可以留2cm宽,方便二次操作。设计图如图6-1所示。

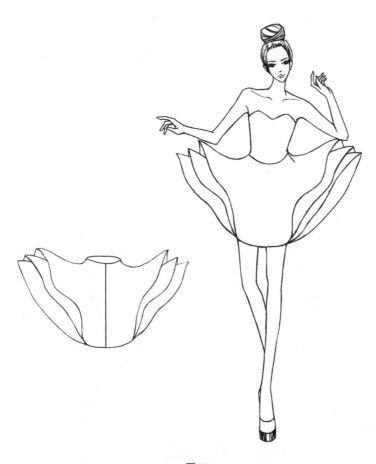

图6-1

（二）结构制图

结构制图如图 6-2、图 6-3 所示。

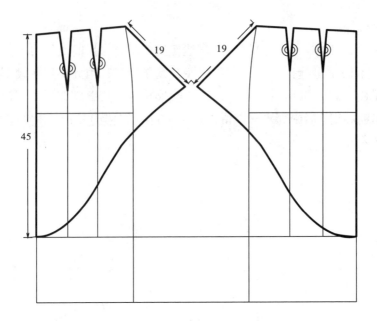

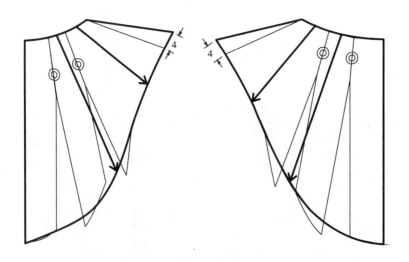

图 6-2

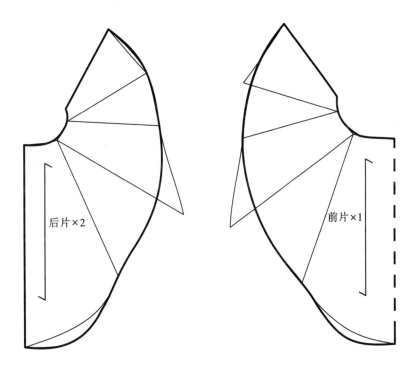

图 6-3

（一）设计分析

此款设计保留纸张的硬性，利用纸张折痕，表现的立体雕塑效果。裙子分两层，里面为打底的衬裙，外面为造型的效果层。里外两层利用胶水固定。衬裙的腰和下摆为净样，不留缝头。外层的造型在腰和下摆留出 2cm 宽缝头，折叠后与里层在腰和下摆处黏合固定。衬裙在后中留出开口，安隐形拉链。考虑裙子里层贴合、外层硬挺的效果，选用的纸张要求里层柔韧、外层硬挺。设计图如图 6-4 所示。

图 6-4

（二）结构制图

结构制图如图6-5所示。

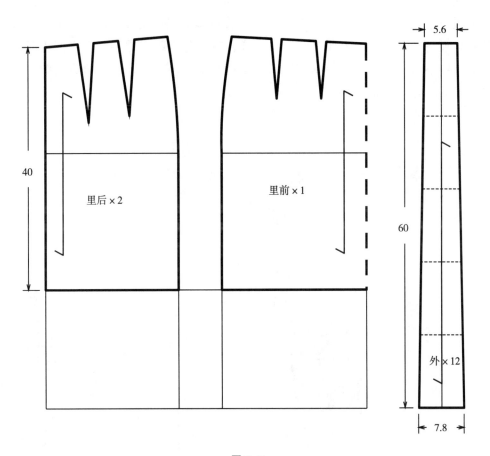

图6-5

（一）设计分析

此款采用不透明的硬塑料制成。硬塑料本身没有弯曲性，要达到有曲线的效果，在平面板样上就必须做出曲线。塑料有很好的回弹定型作用，因此后中留出开口不用安装拉链或者扣子固定，利用塑料本身回弹，就能起到闭合作用，后中留出开口叠门即可。塑料不滑边，腰和下摆不留缝头。塑料本身很硬，每片的结合利用胶黏合，也不给出缝头。设计图如图6-6所示。

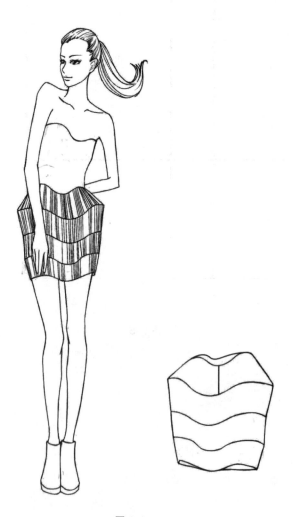

图 6-6

（二）结构制图

结构制图如图 6-7 所示。

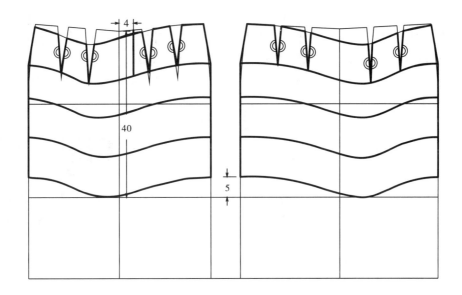

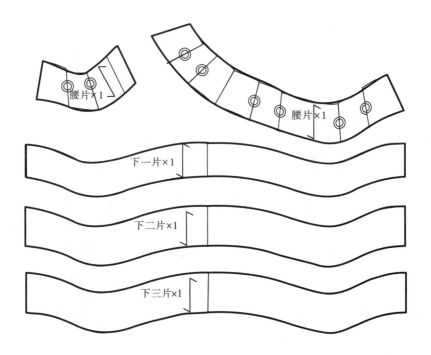

图 6-7

(一）设计分析

此款为雨伞的廓型，利用透明软塑料与塑料支撑骨材料制成。裙子分为9片，小的两片上留开口，用隐形拉链闭合。设计图如图6-8所示。

图 6-8

（二）结构制图

制图采用比例直接画图法。W 为 68cm，根据 W=2πR 计算得小圆半径 10.8cm。结构制图如图 6-9 所示。

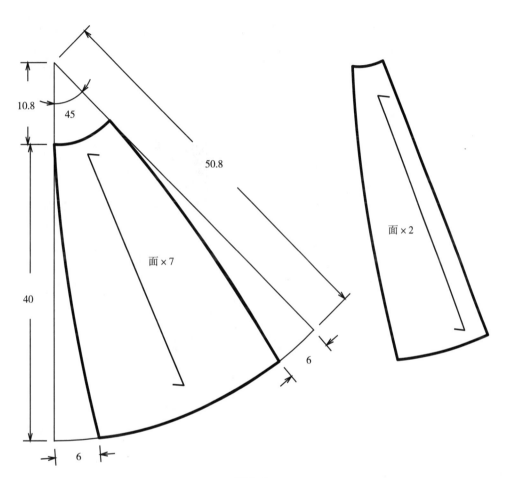

图 6-9

（一）设计分析

此款为较硬塑料配铜拉链的裙子（图 6-10）。塑料材质不滑边，因此腰头没有处理，留出自然的边。前中和侧面的拉链构成十字形状，是此裙设计的亮点。

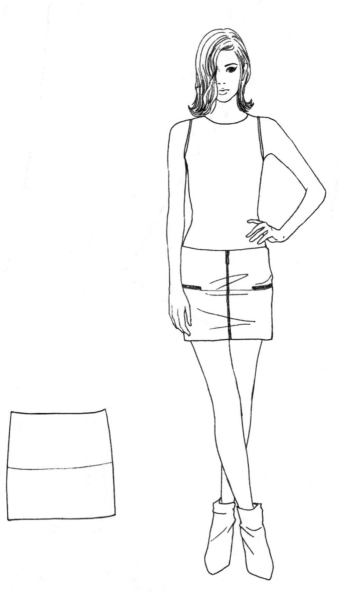

图 6-10

（二）结构制图

结构制图如图 6-11 所示。

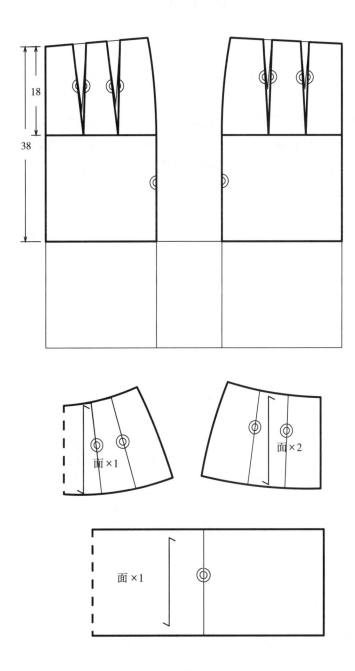

图 6-11

参 考 文 献

【1】日本文化服装学院.文化服饰大全服饰造型讲座［M］.上海：东华大学出版社,2004.

【2】三吉满智子.服装造型学：理论篇［M］.北京：中国纺织出版社,2006.

【3】张文斌.服装结构设计［M］.北京：中国纺织出版社,2006.

【4】中泽愈.国际服装设计教程——人体与服装［M］.北京：中国纺织出版社,2006.